W0255727

ISBN 978-3-662-32100-3   978-3-662-32927-6 (eBook)
DOI 10.1007/978-3-662-32927-6

Zur Beachtung!

Aus dem Inhalt dieses Werkes (in Wort und Bild) kann in keiner Weise auf Vorliegen oder Nichtvorliegen von Rechtsschutz geschlossen werden (angeführte Patentschriften z. B. sind hier lediglich als Literaturangaben zu betrachten).

Wird ein zusammengesetztes Stichwort (Kompositum) vermißt, so suche man bei dem entsprechenden einfachen Stichwort (Simplex). Auch denke man an die verschiedenen Schreibweisen bei C, K, Z!

Die letzte Lieferung wird ein ausführliches G e s a m t r e g i s t e r (mit Angabe der Seitenzahlen) über die Apparate, Maschinen, Werk- und Schutzstoffe (nicht nur der Stichwörter), aber auch über die c h e m i s c h e n P r o d u k t i o n s - u n d H i l f s s t o f f e (durch besondere Satzart als Register für sich erkennbar) bringen, ferner ein K u r z t i t e l - v e r z e i c h n i s d e r Z e i t s c h r i f t e n.

Es wird daran erinnert (vgl. Vorwort, Seite 2), daß die letzten Lieferungen einen N a c h t r a g von A—Z bringen werden, der in dem Gesamtregister mit verarbeitet ist. Das Eingehen auf Wünsche oder Vorschläge sowie die Beachtung letzter Neuerungen braucht also im Prinzip nicht auf eine Neuauflage verschoben zu werden, sondern kann schon in dieser 1. Auflage erfolgen.

Dampfanschluß nach oben angeordnet. Bei liegendem Einbau muß der Saugstutzen stets senkrecht nach unten zeigen, andernfalls muß die Klappdüse so eingebaut werden, daß sich die Klappe nach oben öffnet. Das Aufsatzgehäuse *1* kann auf das Hauptteilgehäuse *4* beliebig aufgesetzt werden, so daß eine rechts- bzw. linksseitige Anordnung ohne weiteres möglich ist. Die Anschlußrohrleitungen dürfen nie engere Querschnitte haben als die entsprechenden Injektoranschlüsse. Sobald die Leitungen eine Länge von etwa 2 bis 3 m überschreiten, sind ihre Querschnitte entsprechend weiter zu wählen.

1 Aufsatzgehäuse	8 Aufnahmedüse	15 Unterlegscheibe	22 Überlaufventilkegel
2 Regulierspitze	9 Rückschlagkegelführung	16 Mutter	23 Überlaufventilfeder
3 Dampfdüse	10 Rückschlagkegel	17 Exzenterhebel	24 Überlaufventilgehäuse
4 Hauptteilgehäuse	11 Exzenter	18 Zwinge	25 Mutter zur Stiftschraube
5 Einsatzdüse	12 Aufsatzverschraubung	19 Stange	26 Stiftschraube
6 Klappdüse	13 Zeiger	20 Holzheft	27 Rundkopfschraube
7 Klappe	14 Aufsatzstopfbüchse	21 Hebelmutter	

Abb. 2051. Restarting-Injektor (Schäffer & Budenberg).

Am Überlauf soll, besonders bei saugender Anordnung, nur ein kurzes Rohr von etwa 400 mm Länge angebracht werden. Am besten läßt man das Überlaufwasser unmittelbar in einen Trichter laufen, an den man das Ablaufrohr anschließt.   Th.

Strahlverdichter (Strahlapparate, Strahlförderer) dienen dazu, Luft, Gase oder Dämpfe mit Hilfe der kinetischen Energie von hochgespanntem Dampf oder auch von Druckwasser auf einen höheren Druck zu fördern. Die anzusaugenden Gase oder Dämpfe können dabei unter einem höheren Druck als die Atmosphäre oder auch unter einem geringeren Druck stehen; der mit hohem Druck eintretende Treibdampf wird mit einer Düse (Treibdüse) entspannt, wobei sich ein Teil seiner Wärmeenergie in kinetische Energie umsetzt, und mischt sich dann mit den angesaugten Gasen oder Dämpfen in einer Fangdüse (Mischraum). Dieser Vorgang setzt sich in einem zylindrischen Hals fort. In einem langen, kegelig erweiterten Rohr erhöht sich der Druck, wobei ein Teil der kinetischen Energie des Gemisches wieder in Druckenergie verwandelt wird (s. auch Strahlpumpen, Brüdenverdichter). Die Fangdüse hat die Aufgabe, die höhere Geschwindigkeit des in der Düse beschleunig-

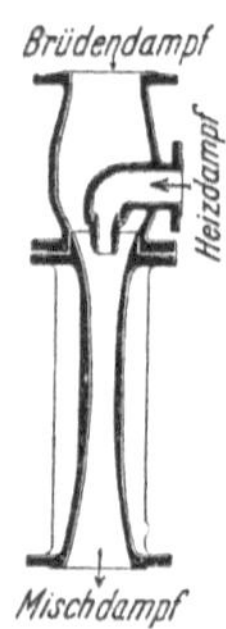

Abb. 2052. Dampfstrahlapparat (Maschinenbau-Akt.-Ges. Golzern-Grimma).

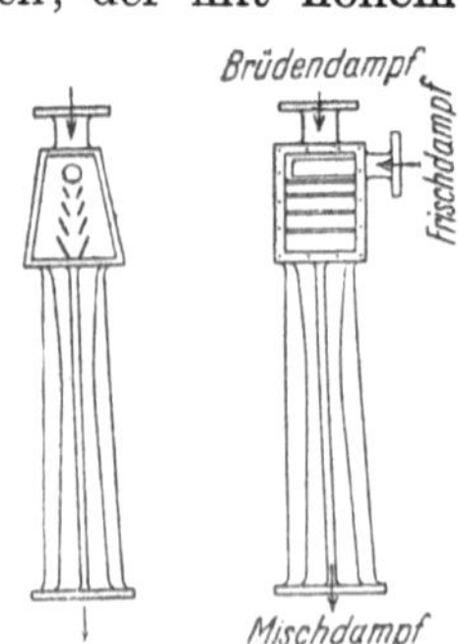

Abb. 2053. Strahlverdichter (Prache & Bouillon).

ten Treibstrahls und die geringere Zulaufgeschwindigkeit des Fördermittels auszugleichen, bis die Geschwindigkeitsunterschiede soweit vermindert sind, daß sich der Druck im Diffusor mit günstigem Wirkungsgrad erhöhen kann.

Damit sich Treib- und Fördermittel gut durchmischen können, muß der Hals eine bestimmte Mindestlänge haben. Im Übergang aus dem Saugraum in die Fangdüse ist eine ausreichende Zulaufgeschwindigkeit notwendig, damit die auf 1 kg Fördermittel bezogene Treibmittelmenge möglichst gering ist. Die Treibdüse soll nach *G. Flügel* (Berechnung von Strahlapparaten, VDI-Forschungsheft 395 [Berlin 1935, VDI-Verlag]) unmittelbar in den Hals münden.

Strahlverdichter werden oft zwei- oder mehrstufig ausgeführt, wobei das auf Zwischendruck gebrachte Gemisch einer Stufe von dem nachgeschalteten Strahlverdichter angesaugt wird. Die Treibdüsen sämtlicher Stufen werden dabei in der Regel mit Dampf von gleichem Druck gespeist. Der Wirkungsgrad von mehrstufigen Strahlverdichtern läßt sich durch Zwischenkondensation verbessern. Zwischen den einzelnen Stufen nehmen Kondensatoren dabei einen Teil der entspannten Dämpfe durch Verflüssigung heraus.

Die Gesamtwirkungsgrade von einstufigen Strahlapparaten erreichen Werte bis 35 Proz. Die Wirkungsgrade von mehrstufigen Geräten werden mit zunehmender Stufenzahl geringer.

Der auf Abb. 2052 dargestellte Strahlverdichter (Maschinenbau-Akt.-Ges. Golzern-Grimma) dient zum Verdichten von Brüdendampf, um diesen zur Beheizung des gleichen Apparates, in dem er entstanden ist, wieder zu verwenden. Um die

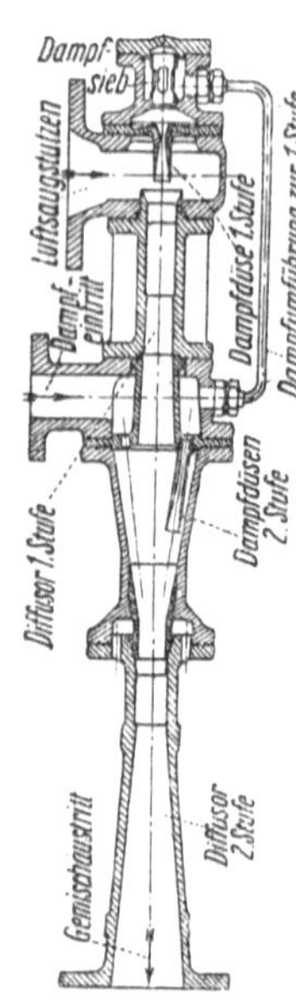

Abb. 2054. Zweistufiger Dampfstrahlverdichter (Balcke).

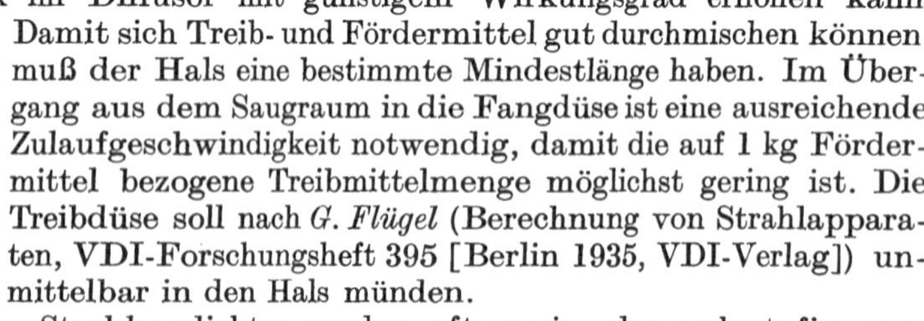

Oberfläche des Dampfstrahls möglichst groß werden zu lassen, hat man bisweilen mehrere Dampfdüsen in einem Verdichter ausgeführt. Den gleichen Zweck will die Bauart nach Abb. 2053 dadurch erreichen, daß der Dampfaustritt in Form eines Spaltes gestaltet ist und der Brüdendampf durch jalousieartig angeordnete, durch Leitbleche gebildete Öffnungen angesaugt wird. (Siehe auch Brüdenverdichter.) Dabei ergibt sich gleichzeitig der Vorteil, daß die einzelnen Öffnungen und Querschnitte nach Bedarf nachgestellt werden können.

Zur Entfernung der Luft aus Räumen, die unter Luftleere stehen sollen, dient der auf Abb. 2054 dargestellte Strahlverdichter (Balcke, Bochum), der zweistufig ausgeführt ist. Die in der ersten Stufe beschleunigte und auf einen Zwischendruck verdichtete Luft wird in der zweiten Stufe durch einen Kranz von Düsen auf den Enddruck gebracht. Die Dampfzuführung befindet sich vor dem Düsenkranz der zweiten Stufe, von wo eine Leitung zur ersten Stufe abzweigt.

Besonders zur Winderzeugung an Öfen, Generatoren, Feuerungen für Kocher, Kessel usw. dient der Strahlverdichter nach Abb. 2055. Um eine möglichst große Luftmenge anzusaugen, sind hier mehrere Düsen mit größer werdendem Durchmesser nacheinander angeordnet. Das aus der Düse mit hoher Geschwindigkeit austretende Dampf-Luft-Gemisch saugt also mehrfach Luft an. Um das beim Mitreißen der Luft entstehende Geräusch zu vermindern, umgibt man die Düse vielfach mit einem als Schallfänger dienenden Gehäuse.

Statt des Dampfes kann man auch Druckwasser zum Ansaugen und Verdichten von Gasen und Luft verwenden. Bei dem auf Abb. 2056 dargestellten, von *P. H. Müller* angegebenen Strahlverdichter (Balcke), der auch zum Absaugen von Luft dient, ist in der Druckwasser-Zuflußdüse noch ein Drallkörper angeordnet, der dem Wasser eine schraubenartig verlaufende Bewegung erteilt.

Abb. 2055.
Strahlgebläse
zur Winderzeugung.

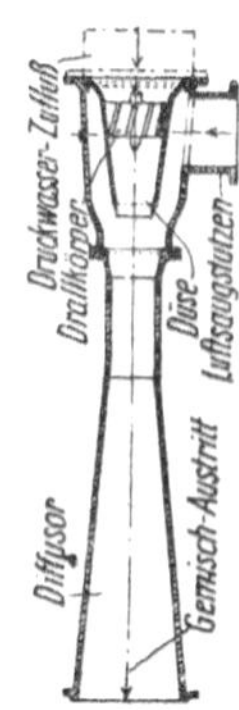

Abb. 2056.
Druckwasser-
Strahl-
verdichter
(Balcke).

Lit.: Siehe auch bei Brüdenverdichter. — *F. Bošnjaković*, Über Dampfstrahlgebläse (Z. ges. Kälteind. 1936, S. 229). — *A. Riffart*, Über Versuche mit Verdichtungsdüsen (Diffusoren). VDI-Forschungsheft 257 (Berlin 1922, VDI-Verlag). — *G. Flügel*, Berechnung von Strahlapparaten. VDI-Forschungsheft 395 (Berlin 1939, VDI-Verlag). — *W. Weydanz*, Die Vorgänge in Strahlapparaten. Beihefte zur Z. Kälteind. (Berlin 1939, VDI-Verlag).   Th.

Strangpressen haben die Aufgabe, Massen mit mehr oder weniger plastischen Eigenschaften zu verdichten und durch Ausdrücken durch ein düsenartiges Mundstück von bestimmtem Querschnitt in die Form eines langen Stranges zu bringen. Neben der Verdichtung und Formung der zu verarbeitenden Stoffe kommt es gleichzeitig meist auf eine bestimmte Verarbeitung der zu verpressenden Stoffe an, z. B. auf die Entfernung von Luftblasen oder auf eine gute Vermischung, so daß man einzelne Bauarten auch als Mischstrangpressen bezeichnet. Auf diese Pressen sei hier vorwiegend eingegangen (s. auch Pressen). Die in der Metallindustrie verwendeten Strangpressen sollen hier außer Betrieb bleiben (s. Vorwort).

Alle Strangpressen können nur Körper von prismatischer oder zylindrischer Form erzeugen, die auch beliebige Hohlräume mit zylindrischem oder prismatischem Querschnitt erhalten können. Je nachdem, ob die Maschine ein oder zwei Stränge aus dem Mundstück austreten läßt, spricht man von Ein- oder Zweistrangpressen. Für Sonderzwecke, z. B. zur Herstellung von Röhrenpulver aus Nitrocellulosemassen, verwendet man auch Pressen, die gleichzeitig bis zu acht Stränge liefern. Da der Strang in der Regel nicht als solcher verwendet wird, sondern nach Verlassen des Mundstücks in einzelne Stücke von gewünschter Länge geschnitten wird, ist der Einsatz einer Strangpresse nur möglich, wenn sich die gepreßte Masse ohne Schwierigkeiten mit sauberen Schnittflächen zerschneiden läßt. Da dies nicht immer der Fall ist, müssen oft Formgebungspressen verwendet werden, die mit einzelnen Hüben Stück für Stück pressen, z. B. zur Herstellung von Tabletten in den pharmazeutischen Industrien (s. Tablettenkomprimiermaschinen).

Die Strangpressen arbeiten entweder mit einem hin- und hergehenden Kolben (Plunger) oder mit einer Schnecke, so daß man Kolben- und Schneckenpressen unterscheiden kann. Je nach der Lage des Zylinders, der den Preßdruck erzeugt, unterscheidet man stehende und liegende Pressen. Daneben werden für einzelne Sonderzwecke der keramischen Industrie auch Walzenpressen gebaut, die statt einer Schnecke zwei in entgegengesetzter Richtung umlaufende Walzen zum Vorschub des Stranges benutzen.

Die Kolbenpressen können bei geeigneter Bauart beliebig hohe Drücke erzeugen. Sie sind daher besonders geeignet, wenn es auf starke Verdichtung beim Pressen ankommt. Die meisten Pressen dieser Art arbeiten satzweise, wobei ein Füllzylinder in regelmäßigen Abständen das Gut aufnimmt, das danach mit einem Kolben durch das Mundstück herausgedrückt wird. Sie können mit einem hin- und hergehenden Stempel auch stetig arbeiten, indem die bei jedem Hub zugeführte Gutmenge gegen die bei der letzten Pressung entstandene Endfläche verdichtet wird. Der dabei sich bildende Strang besteht aus einzelnen Preßlingen (Briketts) mit einem Querschnitt, der dem Formkanal entspricht. Da diese Maschinen ausschließlich in den Brikettfabriken des Braunkohlenbergbaus verwendet werden, sollen sie hier nicht behandelt werden (s. Vorwort).

Der Kraftbedarf, der beim Pressen auftritt, ist von den Stoffeigenschaften, von dem Querschnittsverhältnis zwischen Preßzylinder und Strang und von der Bauart und Form des Mundstücks abhängig. Für Stränge mit großem Querschnitt im Verhältnis zum Zylinderquerschnitt reicht ein erheblich geringerer Druck aus als für kleinere Strangquerschnitte bei gleichem Zylinderquerschnitt. Ähnlich liegen die Verhältnisse für die Wahl der Preßgeschwindigkeit. Je größer der Unterschied der Querschnitte von Zylinder und Mundstück ist, um so langsamer muß in der Regel gepreßt werden. Große Querschnittsverminderungen ergeben höhere Dichten im Preßgut.

Die Kolbenpressen arbeiten meist mit hydraulischem Antrieb. Das erforderliche Druckwasser wird durch elektrisch betriebene Pumpen erzeugt und entweder unmittelbar in die Preßzylinder geleitet oder in Druckwasserspeichern gesammelt. Für kleinere Pressen verwendet man Gewichtsspeicher, für größere mit Druckluft nach Art eines Windkessels arbeitende Speicher. Bei stehend angeordneten hydraulischen Pressen können die Eigengewichte für die Kolbenbewegung nutzbar gemacht werden.

Mit Kolben arbeitende Strangpressen werden zum Pressen von Elektroden aller Art, von den Kohlenstiften für Trockenbatterien mit Durchmessern von wenigen Millimetern angefangen bis zu den größten Elektroden für Carbidöfen und für sonstige elektrothermische Verfahren, verwendet. Die zu pressenden Stränge haben meist runde, rechteckige, quadratische oder trapezförmige Querschnitte. Zylinder und Mundstück der kleineren Pressen sind mit Dampf beheizt, um die Plastizität der Rohstoffe und damit das Fließvermögen zu erhöhen. In größeren Pressen wird meist nur das Mundstück beheizt. Die Masse wird dann in einem besonderen Gefäß außerhalb der Presse angewärmt. Sollen die Elektroden einen Kanal erhalten, so wird ein Dorn in das Mundstück eingesetzt. Elektrodenpressen werden im Gegensatz zu den in anderen Industrien gebräuchlichen Pressen immer nur mit einem Preßzylinder ausgeführt. — Die Fertigpressen für Elektroden von kleinem Durchmesser bestehen aus einem Preßzylinder, in den ein vorverdichteter Kohleblock, dessen Größe dem Hohlraum des Zylinders entspricht, eingebracht wird, aus dem hydraulisch angetriebenen Preßzylinder, einem Rückzugzylinder, dem Mundstück und einer Ablegevorrichtung, in die der entstehende Strang läuft. Zum Vorverdichten der Rohmasse dient eine besondere, satzweise arbeitende Vorpresse. — Pressen für Elektroden von kleinem Durchmesser werden mit waagerecht liegendem Zylinder gebaut. Bei der liegenden Bauart sind Biegungen des austretenden Stranges nicht zu vermeiden, die Kohlen von kleinem Durchmesser ohne weiteres aufnehmen können. Kohlen von größerem Durchmesser können infolge von Biegungsbeanspruchungen, die im austretenden Strang entstehen, leicht Risse erhalten. — Elektroden von mittlerem Durchmesser (bis etwa 400 mm) werden meist in Pressen mit stehendem Zylinder hergestellt, wobei das Mundstück oben liegt, so daß der Strang in senkrechter Richtung nach oben ausläuft. Außer dem Hauptzylinder und dem Rückzugzylinder sind meist noch weitere Nebenzylinder für die verschiedenen Arbeitsverrichtungen vorhanden. — Pressen für Elektroden von großem Durchmesser werden liegend gebaut, um geringe Bauhöhen zu erhalten. Der austretende Strang legt sich dabei auf einen in der Höhe verstellbaren Rollgang. Da auf der gleichen Presse oft Stränge von verschiedenem Querschnitt hergestellt werden müssen, sind auch die notwendigen Preßdrücke recht verschieden. Große Pressen werden daher mit zwei oder drei verschiedenen Arbeitsdrücken betrieben. Hierzu erhalten die Elektrodenpressen Druckwasseranlagen mit verschieden gestuften Drücken. Die Preßwasserpumpen zum hydraulischen Antrieb der Preßkolben arbeiten in der Elektrodenindustrie in der Regel mit Drücken von 200—500 at. Die Hilfszylinder werden mit Drücken von 50 at betrieben. Mittlere Elektrodenpressen arbeiten mit einem Gesamtpreßdruck von etwa 500—1000 t. Die größten Pressen für die Herstellung von Elektroden erzeugen Preßdrücke von 10000 t.

Pressen ähnlicher Bauart, jedoch mit geringeren Preßdrücken, werden in den Kunststoffindustrien zum Pressen von Formstangen und Rohren von verschiedenem Querschnitt und in der Nitrocellulosepulverindustrie verwendet. Die Pulverstränge laufen dabei nach Austritt aus der Presse unmittelbar zu

den Schneidvorrichtungen, die meist von Hand bedient werden. Pressen für
Pulver, die ohne Lösungsmittel hergestellt sind, werden dabei in einem Raum
aufgestellt, der durch starke Wandungen von den Schneidvorrichtungen getrennt ist. – Kolbenpressen mit stehendem Zylinder dienen ferner zur Fertigung
von Steinzeugröhren. Die Öffnung des Mundstücks ist hier ringförmig
gestaltet. Das Tonrohr tritt senkrecht nach unten aus und wird mit einem
Draht abgeschnitten, sobald das Rohr die gewünschte Länge erreicht hat.
Soll das Rohr eine Muffe erhalten, so wird zu Beginn des Preßvorganges
unter das Mundstück ein Kern, dessen Durchmesser der lichten Weite der Muffe
entspricht, gebracht, der dem austretenden Rohrende die Muffenform gibt.

Die mit einer Schnecke arbeitenden Strangpressen (Schneckenpressen)
ergeben im Vergleich mit hubweise arbeitenden Formpressen infolge der Vor-
teile des stetigen Betriebes höhere Leistungen und gleichmäßigere Erzeugnisse.
Sie haben besonders in der keramischen Industrie zur Herstellung von Ziegeln,
Dachsteinen, Tonröhren, Vorformlingen usw., in der Gummiindustrie zur
Herstellung von Schläuchen, in der Sprengstoffindustrie zur Herstellung von
Sprengpatronen, in der Seifenindustrie zum Verdichten der Seife und zur
Vorbereitung der Seifenmasse für die Stückherstellung usw. eine weite Ver-
breitung gefunden.

Das Gut wird in einen Zylinder gebracht, in dem auf einer Welle angebrachte
Messer oder Schaufeln mit schraubenartiger Neigung umlaufen oder eine ein-
oder mehrgängige Schnecke sich dreht. Je mehr sich die Messerflächen
einer ununterbrochenen Schraubenfläche nähern, um so stärker werden die
in Richtung der Zylinderachse wirkenden Vorschubkräfte sein. Die Aufteilung der Schraubenfläche in einzelne, schräg gestellte Messer oder Schaufeln
ergibt jedoch eine bessere Mischwirkung. Die Schaufeln werden meist mit
auswechselbaren Stahlbelägen besetzt, um die durch den Verschleiß entstehenden Kosten zu vermindern. Infolge der Reibung an den Wänden läuft
das Gut im Zylinder nicht mit der Schnecke um, sondern wird der Steigung
der Schneckengänge entsprechend zum Mundstück vorgeschoben.

In den neueren Maschinen für die keramischen Industrien verzichtet man oft
auf die Knetung im Preßzylinder selbst und ordnet vor der Presse entsprechende Zerkleinerungs- und Mischmaschinen, insbesondere Walzwerke und
Tonschneider, an, so daß der Presse überwiegend die Aufgabe der Formgebung
zufällt. So werden z. B. unmittelbar über der Schnecke in einem besonderen
Trog zwei Wellen mit Knetarmen angeordnet, wie sie in Knetmaschinen (s. d.)
üblich sind. Man bezeichnet diese Maschinen auch als Mischstrangpressen.

Der Querschnitt des Zylinders richtet sich nach der Stranggröße. Für
Dachziegel wählt man daher geringere Durchmesser als für Vollziegel. Für
Vollsteine beträgt der Zylinderdurchmesser etwa 375—600 mm, für dünn-
wandige Waren etwa 300—350 mm. Der Zylinder wird bisweilen konisch
verjüngt. Um das Zurückstauen der Masse zu verhindern, wird er auch
stufenförmig ausgeführt (Stufenzylinder).

Strangpressen dieser Art werden immer in waagerechter Stellung gebaut, um
Bauhöhe zu sparen. Nur einfache, kleine Strangpressen (sog. Tonschneider),
die lediglich die Rohstoffe kneten und durchmischen sollen, werden auch mit
senkrechter Welle benutzt (s. auch Knetmaschinen).

Das Mundstück der Strangpressen für die keramischen Industrien besteht
aus einer Platte, an die sich ein verjüngter Kasten mit einer Austrittsöffnung

anschließt, die dem Querschnitt des zu erzeugenden Stranges entspricht. Bisweilen läßt man auch zwei Stränge neben- oder übereinander aus dem Mundstück austreten. Soll der Strang Hohlräume erhalten, so werden in dem Mundstück Dorne oder Kerne von konischer oder polyedrischer Form angebracht, die an einem oder mehreren Bügeln befestigt sind. Der Bügel muß so weit in den Preßkopf der Maschine zurückverlegt sein, daß die durch den Bügel zerteilte Masse während der Vorwärtsbewegung wieder zusammenbinden kann. Um die Reibung zu vermindern und die Oberfläche des Stranges gleichzeitig zu glätten, wird das Mundstück in der Tonindustrie bewässert. Hierzu sind an den Innenflächen des Mundstücks Kanäle angebracht, über denen Blechstreifen angebracht sind, die das Wasser in geringen Mengen austreten lassen.

Zum Einziehen der Rohmasse dient in den Strangpressen der keramischen Industrie eine breite, langsam laufende Speisewalze, auf die diese von oben fällt. Von unten legen sich gegen die Speisewalze nachstellbare Abstreifer. Kleine Pressen erhalten bisweilen auch zwei parallel angeordnete Speisewalzen, die nach Art eines Walzwerkes arbeiten. Statt der Speisewalzen werden auch Speisehaspel zur Zuführung der Masse verwendet. Diese bestehen aus zwei Wellen, die sich gegeneinander drehen und mit spiralig geformten Armen besetzt sind. Sie drücken die Masse unmittelbar in die Schneckengänge der Förderschnecke.

Wie die Erfahrungen gezeigt haben, läßt sich die Güte keramischer Erzeugnisse wesentlich durch Entfernen der in der Masse eingeschlossenen Luft während des Pressens verbessern. Man vermeidet dadurch die Bildung von Blasen und Schichten, vermindert den Ausschuß und das Wasseraufnahmevermögen und steigert die Festigkeitseigenschaften. In der Porzellanindustrie kann man durch Entfernen der Luft die Massenknetmaschinen (Masseschlagmaschinen, s. Knetmaschinen) entbehrlich machen. In den Hafenbetrieben der Glasindustrie (s. Häfen) erhält man durch Entlüftung einen blasenfreien Ton, mit dem man besonders haltbare Häfen herstellen kann.

Zur Entlüftung während des Pressens dienen die sog. Vakuumstrangpressen (Vakuumpressen), die in den keramischen Industrien heute ein weites Anwendungsgebiet gefunden haben (s. auch *G. Gerth, E. Schochel,* Z. VDI 1939, S. 1254). Sie arbeiten mit einer Vakuumkammer, in welche die Masse in feiner Verteilung eintritt. Die Kammer wird durch eine Luftpumpe entlüftet. Der luftdichte Abschluß der Kammern gegen den Atmosphärendruck wird durch die Massen selbst gebildet, was infolge der dichten Struktur der Tone ohne Schwierigkeiten möglich ist. Die Luftleere in der Kammer beträgt etwa 95 Proz. Es gibt aber auch Massen, bei denen ein Vakuum von 60—70 Proz. genügt. Da die Kammer mit einem Masseeintritt und einem -austritt verbunden sein muß, sind zwei Preßvorrichtungen für die beiden Stoffstränge erforderlich. Die Preßvorrichtung, die den endgültigen Strang formt, besteht wie bei den einfachen Strangpressen immer aus einer Schnecke. Zum Einbringen der Masse in die Entlüftungskammer dienen entweder eine zweite Schnecke oder ein Paar Riffelwalzen, die so eng gestellt sind, daß sich die Masse bis zum Eintritt in die Entlüftungskammer ausreichend verdichtet. Es können aber auch zum Eindrücken des Gutes zwei Knetwellen, die über einem einstellbaren Spalt in einem Knettrog arbeiten, verwendet werden. Da stets ein Überdruck auf dem eingehenden Gut lastet, kann weniger steifes Gut auch von selbst durch den äußeren Druck der Atmosphäre in die Maschine gefördert werden. — Die einzelnen Bauarten der Vakuumpressen unterscheiden sich durch die bereits erwähnten verschiedenen Verfahren zur Einführung der Rohmassen in die Vakuumkammer und durch die verschiedenen Vorrichtungen zum Zerteilen der Masse beim Eintritt in die Vakuumkammern. — Bei einer besonders häufig zu findenden Bauart tritt die Rohmasse durch eine Scheibe mit Löchern oder Schlitzen, also in zahlreiche Fäden oder Bänder aufgeteilt, in die Entlüftungskammer, die etwa in der Mitte des Pressenzylinders eingebaut ist. Diese feinen Stränge werden hinter der Kammer durch die eigentliche Treibschnecke wieder verbunden, die im Pressenzylinder den Strang formt und ausdrückt. Statt der Lochscheiben werden auch verstellbare Schieberroste verwendet. Diese haben den Vorteil, daß man durch Herausziehen der Roste faserige Verunreinigungen, die an den einzelnen Stäben hängenbleiben, abstreifen kann. Zur Regelung der durchtretenden Mengen kann man zwei Loch- oder Schlitzplatten übereinander anordnen, von denen sich eine mit Hilfe einer Spindel zur Einstellung der Durchtrittsquerschnitte verschieben läßt. — Die Pressen einer anderen Bauart arbeiten ohne Loch- oder Schlitzplatte. Die zu entlüftende Masse tritt aus dem Einfallrumpf durch eine ringförmige Öffnung, die durch einen Preßkegel gebildet wird, in die Vakuumkammer. Der durchtretende Strang wird durch ein sternförmiges Messerrad in kleine Schnitzel oder Scheiben zerkleinert. Diese fallen aus der Entlüftungskammer in eine zweite Schnecke, die den endgültigen Strang herstellt. Der Vorteil des ständig umlaufenden Messerrades gegenüber den Loch- oder Schlitzplatten besteht darin, daß sich dieses nicht verstopfen kann. — Bei einer dritten Bauart läuft in der Vakuumkammer eine senkrecht stehende Schnecke um. Diese zerschnitzelt die in die Kammer tretende Masse, die darauf verdichtet und durch die Hauptschnecke im eigentlichen Pressenzylinder in das Mundstück geschoben wird. — Zur Herstellung von Rohren aus keramischen Massen werden auch stehende Vakuumpressen gebaut. Die Rohmasse gelangt z. B. zuerst in einen Vorpreßzylinder mit senkrechter Schnecke, tritt dann durch eine Rostplatte in feiner Verteilung in die Entlüftungskammer und dann in die eigentliche Preßschnecke, die den Rohrstrang formt.

Zum Pressen von Seifen verwendet man Schnecken mit veränderlicher Steigung, so daß der Durchtrittsquerschnitt nach dem Austritt zu sich verengt und die Pressung der Massen entsprechend ansteigt. Die Seife wird also nicht erst im Mundstück, sondern schon im Zylinder stark verdichtet. Das Kopfstück wird in diesen Pressen oft nicht geradlinig, sondern kurvenförmig nach Art einer Düse verengt. Der Preßzylinder wird gekühlt, das Kopfstück erwärmt, damit der Seifenstrang glatt und glänzend anfällt und nach dem Austritt nicht beschlägt.

Thormann.

Streudüsen, s. Zerstäuber.

Streudüsenwascher, s. Strubber.

Stripper (Abtreiber, Abstreifer, Seitenkolonnen). Ein aus zahlreichen Stoffen bestehendes Flüssigkeitsgemisch, z. B. ein natürliches oder künstliches Mineralöl oder eine daraus gewonnene Fraktion, Teere usw. lassen sich in einem einfachen, stetig arbeitenden Rektifizierapparat (s. d.) nur in zwei Teile zerlegen. Würde man aus einem solchen Kohlenwasserstoffgemisch z. B. einen niedrigsiedenden Anteil als Destillat vom obersten Boden der Kolonne (s. Destillierapparate) gewinnen, so müßten sich alle übrigen Bestandteile in dem Ablauf befinden, der aus dem Unterteil der Kolonne die Apparatur verläßt. Für die praktische Verwendung müssen diese Mineralöle in zahlreiche Fraktionen zerlegt werden. Aus einem Erdöl sind z. B. Benzin, Schwerbenzin, Leuchtöle, Dieselöle, Schmierölfraktionen, Heizöle und Rückstände je nach der Beschaffenheit des Ausgangsöles und nach den Absatzverhältnissen zu erzeugen.

Dies ist in einem einzigen Arbeitsgang möglich, wenn an der Kolonne Entnahmestellen in verschiedener Höhe angebracht werden. Man kann dann die einzelnen Fraktionen mit einer einmaligen Destillation gleichzeitig aus der Kolonne erhalten, da die niedriger siedenden Kohlenwasserstoffe in der Kolonne weit nach oben steigen, während sich die schwersiedenden Bestandteile auf den unteren Böden sammeln. Die Kolonne zieht also die zahlreichen Bestandteile ungefähr geordnet nach den Siedepunkten auseinander, wobei jedoch eine scharfe Trennung schon mit Rücksicht auf die große Zahl der einzelnen reinen Stoffe nicht möglich ist. Auf den einzelnen benachbarten Böden „überlappen" die einzelnen Stoffgruppen einander, so daß auf jedem Boden Stoffgemische vorhanden sind, die innerhalb bestimmter Grenzen sieden, wenn man eine Probe einer absatzweisen Destillation unterzieht.

Die niedrigsiedenden Anteile müssen bei der Entnahmerektifikation auf allen Böden der Kolonne vorhanden sein, da sie von unten nach oben durch alle Teile der Kolonne wandern müssen, wobei der Gehalt an diesen Anteilen auf den einzelnen Böden nach oben zu wächst. Die an den unteren Entnahmestellen erhaltenen Fraktionen, die überwiegend aus hochsiedenden Kohlenwasserstoffen bestehen, müssen also in jedem Fall auch einen geringen Anteil niedrigsiedender Kohlenwasserstoffe enthalten. Diese müssen ganz oder teilweise entfernt werden, damit die an den einzelnen Entnahmestellen der Kolonne abgezweigten Fraktionen (auch Seitenerzeugnisse genannt) den jeweils gewünschten Siedebeginn aufweisen. Dies geschieht in der Regel durch eine einfache Wasserdampfdestillation (s. auch Destillierapparate, S. 182) in kleinen Hilfskolonnen, die an die einzelnen Entnahmestellen angeschlossen sind. Diese Hilfskolonnen für die Seitenerzeugnisse bezeichnet man als Stripper oder Abtreiber, bisweilen auch als Abstreifer, weil sie die kleinen Anteile der einzelnen Fraktionen an niedrigsiedenden Stoffen durch Destillation abtreiben. Sie stellen damit durch die Entfernung eines mehr oder weniger kleinen Anteils dieser Bestandteile den Siedebeginn des jeweiligen Seitenerzeugnisses und damit auch seinen Flammpunkt ein.

Die Stripper selbst können die stoffliche Zusammensetzung der entnommenen Fraktion nur teilweise verändern. Insbesondere ist es nicht möglich, durch sie die Zusammensetzungen einer Fraktion in besonders enge Siedegrenzen zu bringen. Der Siedebereich außerhalb der am niedrigsten siedenden Bestandteile und besonders sein oberes Ende, das durch die in der Fraktion enthaltenen Stoffe mit den höchsten Siedetemperaturen gegeben ist, werden vielmehr durch die Wahl der Entnahmestellen bestimmt. Wird das Gemisch von einem höher liegenden Boden der Kolonne abgezogen, so verschiebt sich der Bereich in das Gebiet der niedriger siedenden Bestandteile, d. h. die Kohlenwasserstoffe mit geringerer Kohlenstoffatomzahl nehmen im Gemisch zu. Wählt man einen tiefer liegenden Boden zur Entnahme, so wandern die mittlere Siedetemperatur und die obere Siedegrenze in das Gebiet höherer Temperaturen. Bei der Destillation von Erdölen liegen in der Hauptkolonne zwischen den einzelnen Entnahmestellen etwa vier bis fünf Böden. Diese Zahl stellt jedoch lediglich einen häufig vorkommenden Mittelwert dar. Es kommen auch Kolonnenteile zwischen zwei Entnahmestellen vor, die etwa zwei bis zehn Böden enthalten. Im Bereich der hochsiedenden Stoffe liegen zwischen zwei Entnahmen gleicher Art in einer Kolonne für Vakuumdestillation erheblich weniger Böden als bei der Destillation unter Atmosphärendruck.

Um den Bereich einer Fraktion nach Bedarf einstellen zu können, werden die Stripper daher umschaltbar so an die Kolonne angeschlossen, daß eine Entnahme nach Wahl aus zwei oder drei benachbarten Böden möglich ist. Der aus dem Abtreiber oben aufsteigende Dampf wird in der Regel über den am höchsten liegenden Entnahmeboden in die Hauptkolonne geleitet. Der Wasserdampf wird in den untersten Boden des Abtreibers von unten eingeblasen.

Es ist ohne weiteres möglich, im Betrieb einen einzelnen Stripper abzustellen oder stark zu drosseln, wenn z. B. nach einem bestimmten Erzeugnis keine oder nur geringe Nachfrage vorhanden sein sollte. Dadurch verändern sich die Zusammensetzungen in der ganzen Kolonne, besonders jedoch auf den der betreffenden Entnahmestelle benachbarten Böden. Es wird dabei vornehmlich die Beschaffenheit des Seitenerzeugnisses, das aus der darüberliegenden Entnahmestelle gewonnen wird, wesentlich beeinflußt. In entsprechender Weise kann man durch Einregeln der verschiedenen Entnahmemengen die Eigenschaften der einzelnen Seitenerzeugnisse in gewissen Grenzen verändern.

Die Entnahme von Seitenfraktionen hat den Nachteil, daß sich der Rücklauf in der Hauptkolonne an jeder Anzapfung nach unten zu von Boden zu Boden vermindert. Der auf den obersten Boden der Hauptkolonne gepumpte Rücklauf muß daher reichlich bemessen werden. Die unteren Böden arbeiten infolge des Entzugs von Flüssigkeit durch die darüber liegenden Entnahmestellen mit besonders geringem Rücklauf. Man kann sich dadurch helfen, daß man im mittleren Teil der Kolonne zusätzlichen Rücklauf erzeugt, indem von einem geeigneten Boden Flüssigkeit entnommen wird, die nach Kühlung wieder zurückgeleitet wird.

Die Stripper enthalten im Petrolbau in der Regel etwa vier Böden. Über den obersten Boden wird vor dem Dampfaustritt eine kleine Füllkörperschicht gelegt, um das Mitreißen von Flüssigkeitströpfchen zu verhindern.

In der auf Abb. 2057 schematisch dargestellten Anlage sind an die Hauptkolonne H fünf Stripper für die fünf mit I, II, III, IV und V bezeichneten Fraktionen angeschlossen. Die Seitenfraktion mit der niedrigsten mittleren Siedetemperatur ist mit I, das Seitenerzeugnis, das am höchsten siedet, mit V gekennzeichnet. Das Spitzenerzeugnis, z. B. Benzin bei der Vordestillation eines Erdöls, wird durch die Leitung b dampfförmig abgeführt. Der zur Rektifikation notwendige Rücklauf wird durch die Leitung r auf den obersten

Boden der Hauptkolonne gepumpt. Das zu verarbeitende Gemisch strömt durch m teils flüssig, teils dampfförmig in die Hauptkolonne. Die Rückstände laufen durch die Leitung z ab. Die einzelnen Seitenfraktionen $I{-}V$ strömen aus den Entnahmestellen a über Feineinstellventile f in die einzelnen Stripper s und fließen über Schwimmerventile v (s. d.) durch die Rohrleitungen e als fertige Seitenerzeugnisse in die zugehörigen Kühler oder Wärmeaustauscher. Der zur Destillation notwendige Wasserdampf wird durch die Leitungen d in die Hauptkolonne und in die Abtreiber eingeblasen.

Räumlich werden die Stripper in einer Destillationsanlage verschieden angeordnet, wobei jedoch drei Bauweisen besonders häufig auftreten. Die Abtreiber können übereinander in einem gemeinsamen zylindrischen Turm angeordnet werden, der nahezu genau so hoch ist wie die Hauptkolonne. Dieser Turm, der die einzelnen, unabhängig voneinander arbeitenden Abtreiber enthält, wird meist dicht neben die Hauptkolonne gestellt. — Da der Durchmesser der Stripper, verglichen mit dem Durchmesser der Hauptkolonne, sehr gering ist, kann man sie unmittelbar in die Hauptkolonne einbauen, so daß also die Böden der Hauptkolonne und die Böden der Abtreiber

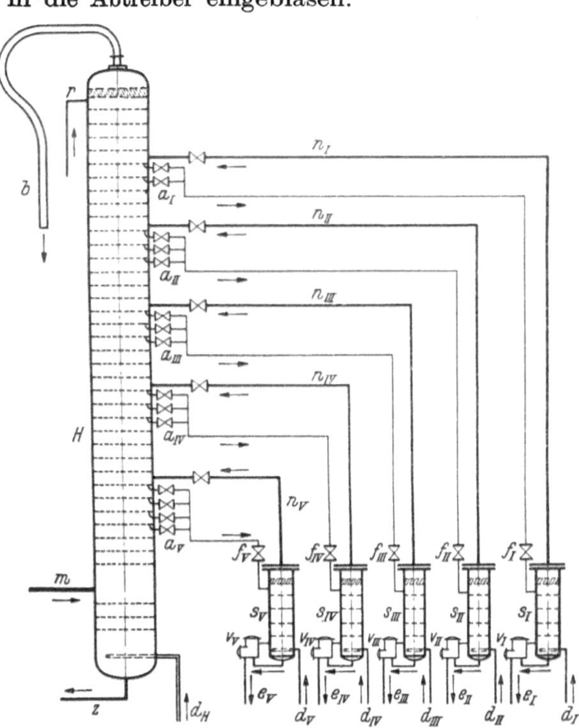

Abb. 2057. Schema einer Entnahmekolonne mit fünf Strippern.

ineinander liegen und der besondere Turm für die Abtreiber fortfällt. Die Abtreiber können bei dieser Bauart keine Wärmeverluste erleiden. Sie sind jedoch schwer zugängig. Die notwendigen Rohrleitungslängen erreichen einen Geringstwert. Diese Bauweise wird daher besonders bevorzugt. — Die Abtreiber können ferner auch nebeneinander in einem gemeinsamen Gerüst, in dem auch andere Apparate, wie Wärmeaustauscher und Kühler, ihren Platz finden, aufgestellt werden. Diese Anordnung macht alle Teile sehr leicht zugängig. Die notwendigen Rohrleitungen werden verhältnismäßig lang.

Der Dampfbedarf, der in den Strippern aufzuwenden ist, hängt von der Art der Seitenerzeugnisse und dem gewünschten Flammpunkt ab. Die Abtreiber für die niedrigsiedenden Fraktionen werden daher im allgemeinen einen geringeren Wasserdampfbedarf aufweisen als die Abtreiber für die hochsiedenden Anteile. Man kann für die leichteren Fraktionen, z. B. Schwerbenzin, Leuchtöl, mit einem Wasserdampfzusatz von etwa 3 Proz. und für die schwereren Fraktionen, z. B. Dieselöl und Gasöl, mit einem Wasserdampfzusatz von 5—10 Proz., bezogen auf die entnommene Ölmenge, rechnen. Will man jedoch einen besonders hohen Flammpunkt in einer Fraktion erreichen, so muß man die mehrfachen Mengen Wasserdampf, als sie oben angegeben sind, in dem betreffenden Abtreiber zur Abdestillation der niedrigsiedenden Anteile aufwenden.

Aus der Wasserdampfmenge und dem Teildruck läßt sich das durch jeden Abtreiber in der Zeiteinheit gehende Volumen errechnen, wenn man ein mittleres Molekulargewicht für das betreffende Seitenerzeugnis annimmt (s. auch *K. Thormann*, Chem. Fabrik 1940, S. 3) und wenn die Mengen der abzuziehenden Seitenerzeugnisse bekannt sind. Den mindestens erforderlichen Querschnitt erhält man aus dem je Zeiteinheit durchströmenden Volumen durch Division mit der Dampfgeschwindigkeit, die im Mittel mit etwa 0,5—0,6 m/sek angenommen werden kann. Man erhält dabei für die einzelnen Erzeugnisse verschiedene Querschnitte. Werden die einzelnen Stripper übereinander gesetzt oder in die Hauptkolonne eingebaut, so führt man sie oft mit gleichen Durchmessern aus, was die Herstellung vereinfacht.

Thormann.

Lit.: Siehe bei Destillierapparate, Rektifizierapparate.

Ströderwascher, s. Schleuderwascher.

Stromtrockner (pneumatische Trockner). In den meisten Lufttrocknern wird das feuchte Gut durch besondere, mechanisch wirkende Vorrichtungen, z. B. durch Trommeln, Bänder oder auf beweglichen Wagen, Schalen, Horden usw., durch den von erwärmter Luft oder heißen Gasen durchströmten Raum gefördert (s. Trockner). In den Stromtrocknern führen die warmen Gase das feuchte Gut unmittelbar in der Strömung mit, so daß ihnen neben der Aufgabe, den Wassergehalt des Gutes durch Wärmeabgabe an dieses und durch Aufnahme des verdunsteten Wassers zu vermindern, gleichzeitig die Förderung des Gutes durch den Trockner obliegt. Da das Gut in den Gasen schwebt, werden durch dieses Verfahren (Schwebegastrocknung) alle Seiten der einzelnen Teilchen von den Trockengasen gut umspült, so daß die Trockenzeiten gegenüber anderen Bauarten erheblich verkürzt und hohe Temperaturen auch bei der Trocknung empfindlicher Stoffe angewendet werden können. Dies ist erforderlich, da die kurzen Trockenzeiten große Temperaturunterschiede zwischen den heißen Gasen und dem Trockengut bedingen. Die günstigen Betriebsbedingungen ergeben große Leistungen bezogen auf den notwendigen Apparateraum. Der Trockner muß so arbeiten, daß die Teilchen den Apparat verlassen, sobald sie genügend getrocknet sind, da sie sich bei einem weiteren Verbleib im Trockner infolge der hohen Temperaturunterschiede hoch überhitzen würden.

Haben alle Teilchen des Gutes gleiche Korngrößen und auch gleichen Wassergehalt, wie es z. B. bei Salzen oft der Fall ist, so können diese nach Durchlaufen des Trockners gleichzeitig aus ihm entfernt werden. Sind jedoch größere Körner im Gut vorhanden, so brauchen diese längere Trockenzeiten. Sie müssen daher den Trockner mehrfach durchlaufen, bis sie den gewünschten Wassergehalt des fertig getrockneten Gutes erreicht haben, da die Wärmeleitfähigkeit für die großen und kleinen Teilchen die gleiche bleibt. Da nun meist gleichmäßige Korngrößen erwünscht sind, wird die Stromtrocknung oft mit einer Zerkleinerung oder Mahlung des Gutes verbunden (Mahltrocknung). Dabei werden die größeren, noch nicht genügend getrockneten Teilchen durch eine besondere Sichtvorrichtung abgesondert und in eine Zerkleinerungsmaschine bzw. Mühle geleitet, während die feineren Teilchen, die nur kurze Trockenzeiten erfordern, unmittelbar von der Strömung zum Austrag gebracht werden. Man kann daher Stromtrockner mit und ohne Mühle unterscheiden. Da Stromtrockner, die in Verbindung mit einer Zerkleinerungsvorrichtung arbeiten, die größeren Teilchen unter Umständen mehrfach durch diese Maschine umlaufen lassen, bezeichnet man sie auch als Umlauftrockner. Die Zerkleinerung beeinflußt die Trocknung wesentlich, da sich dadurch die für die Verdunstung des Wassers maßgebende Oberfläche des feuchten Gutes um ein Mehrfaches vermehren läßt und die noch wasserhaltigen Teile auf diese Weise mit den heißen Gasen in Berührung gelangen. Die in Wärme umgewandelte Zerkleinerungsarbeit wird bei diesem Verfahren unmittelbar für die Trocknung nutzbar gemacht.

Das in den Stromtrockner eingespeiste Gut muß so feinkörnig sein, daß es von der Gasströmung mitgenommen werden kann, d. h. also, daß die von der Strömung auf die größten und schwersten Teilchen wirkenden Widerstandskräfte der Strömung größer als die Schwerkräfte sein müssen. Die Geschwindigkeit der Gase in den Rohren mit aufwärts gerichteter Strömung muß also größer sein als die Fallgeschwindigkeit dieser Teilchen. Das in den Trockner eingebrachte Gut darf nicht so feucht sein, daß sich die einzelnen Teilchen zusammenballen und Klumpen bilden, da diese von der Strömung nicht mitgeführt werden können, sondern herunterfallen und den Trockner verstopfen.

Ein von *F. A. Bühler* angegebener Stromtrockner ohne Mahleinrichtung, also mit einmaligem Durchgang des Gutes, zur Verarbeitung von feinkörnigen Stoffen, besonders von Salzen, ist auf Abb. 2058 dargestellt. Das feuchte Gut wird durch eine Eintragwalze in ein senkrechtes, hohes Rohr geworfen, in das unten ein Ventilator heiße Feuergase einbläst. Zur Erzeugung dieser Gase dient eine Feuerung, die in unmittelbarer Nähe des Trockenrohres aufgestellt ist. In einem Stoßfänger am oberen Ende des Trockenrohres wird die Strömung umgelenkt und

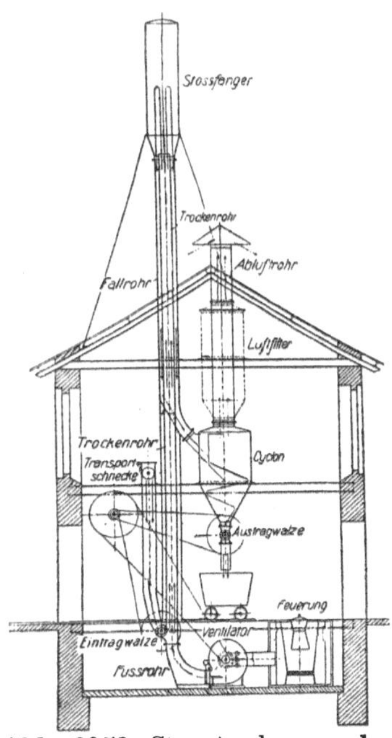

Abb. 2058. Stromtrockner nach
F. A. Bühler.

durch einen weiten Schacht in einen Zyklon geleitet, der Gase und Gut nach einer Gesamttrockenzeit von etwa 6 sek voneinander trennt. Ein derartiger

Stromtrockner ist etwa 18—20 m hoch, wobei jedoch Stoßfänger und Teile des Trockenrohres und des Fallschachtes über das Dach des Aufstellungsgebäudes hinausragen können. Stromtrockner dieser Art können in der Stunde etwa 100—8000 kg Gut verarbeiten.

Das Schema eines Stromtrockners mit einem Umlauf für das grobe Gut ist auf Abb. 2059 dargestellt. Die in der Feuerung a erzeugten heißen Gase fördern das Feuchtgut, das die Aufgabevorrichtung b zuführt, durch das Steigrohr c in das Fallrohr d. Von dort gelangt es durch die Leitung e in den Stromsichter f. Die gröberen Teilchen, die infolge der geringen Wärmeleitung im Gut noch nicht genügend entwässert sein können, werden hier abgeschieden und fallen durch das Rohr g in die Zerkleinerungsvorrichtung bzw. Mühle n. Hier wird die Oberfläche der Teilchen, die für den Trocknungsvorgang maßgebend ist, durch das Aufspalten um ein Vielfaches vermehrt. Von n aus werden die zerkleinerten Teilchen durch Leitung e wieder in den Sichter f gebracht. Die feinen Teilchen trägt die Gasströmung aus dem Sichter f in den Zyklon m, der das feine, getrocknete Gut ausfallen läßt. Dieses gelangt durch die Ausschleusvorrichtung l in den Bunker h. Der Ventilator k saugt die feuchten Abgase aus dem Zyklon m ab und stößt sie durch das Rohr i aus. Im Sichter f (s. auch Windsichter) sind Klappen angebracht, mit deren Hilfe das Korn- oder Teilchengewicht, das die Strömung nicht mehr tragen kann und das demnach als zu groß und zu feucht anzusehen ist, eingestellt werden kann. Solche Teilchen führen den Kreislauf durch die Zerkleinerungsvorrichtung unter Umständen mehrfach aus, bis sie soweit zerkleinert und getrocknet sind, daß sie der Gasstrom in den Zyklon m mitnehmen kann. Als treibende Kraft wirkt hier ausschließlich der Ventilator k, der in der ganzen Anlage einen Unterdruck erzeugt. Die Temperatur des Gases hat sich hier so weit erniedrigt, daß Schäden an dem Gebläse nicht auftreten können.

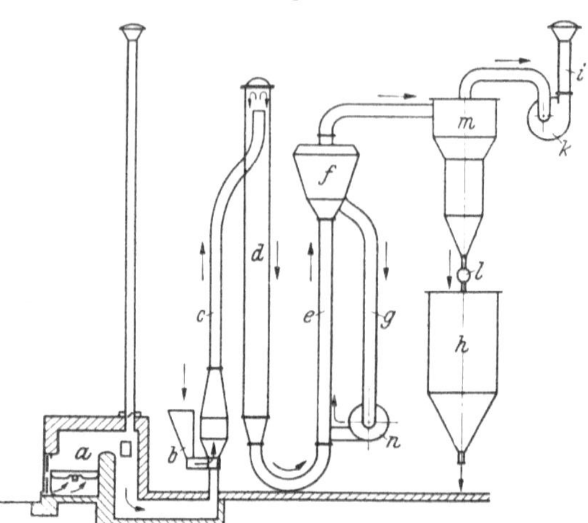

Abb. 2059. Schema einer Stromtrocknung mit Zerkleinerung (Mahltrocknung).

Um beim Ausbleiben der Naßgutzufuhr Erhitzungen durch die heißen Gase in der Apparatur zu verhüten, kann man eine kleine Wassereinspritzvorrichtung vorsehen. Der Ventilator kann auch in die Leitung zwischen Sichter f und Zyklon m eingeschaltet werden. Das Verfahren kann ferner so ausgeführt werden, daß ein Teil der heißen Gase durch die Mühle k geht und mit dem zerkleinerten Gut wieder in das Rohr e gelangt.

Kann die Mühle das Gut nicht gleichmäßig zerteilen, so kann noch eine besondere Sichtvorrichtung unmittelbar an die Mühle angeschlossen werden, die das gröbste Korn nochmals in die Mühle unmittelbar zurückführt.

— Bei der Trocknung einzelner leicht zu zerkleinernder Stoffe, z. B. von Kohle, läßt sich der Ventilator auch so ausbilden, daß er mit seinen Schaufeln gleichzeitig als Mühle wirkt. Der Ventilator k (Abb. 2059) am Ende des Systems kann in diesem Fall fortfallen. Die Gasbewegung übernimmt dann der in die Leitung e eingeschaltete Mahlventilator. — Statt des Zyklons können auch andere Entstaubungsvorrichtungen (s. d.) in das System eingeschaltet werden. Entsteht bei der Trocknung feiner Staub, so kann in das Wrasenabzugsrohr i noch ein Entstauber eingeschaltet werden.

Eine Mahltrocknungsanlage (Krupp-Grusonwerk A.-G., Magdeburg) zur Verarbeitung von Erzen und anderen Mineralien, die mit einer Kugelmühle

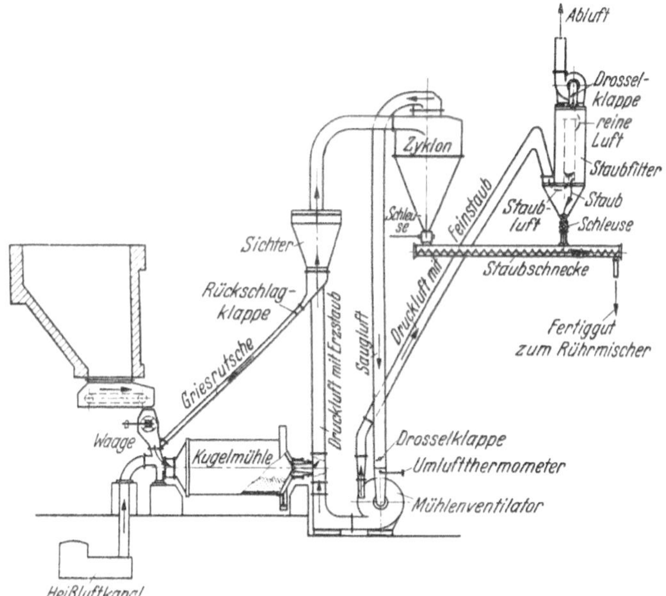

Abb. 2060. Mahltrockenanlage mit Kugelmühle (Krupp-Gruson).

ausgestattet ist, zeigt Abb. 2060. Die Abluft strömt hier durch ein Staubfilter, das die feinsten Teilchen festhält. Mit geeigneten Zerkleinerungsmaschinen, z. B. Rohrmühlen, werden Apparaturen dieser Art auch zum Trocknen von Kohle, Gips, Zementrohstoffen und anderen Mineralien verwendet.

Umlauftrockner für Rohbraunkohle haben eine Leistung bis zu 350 t Trockenkohle/24 std (s. auch *A. Fritzsche*, Verfahren zur Herstellung von Braunkohlenbriketts [Braunkohle 1937, S. 643, 665]). — Mit Stromtrocknern nach Abb. 2059 werden besonders Kartoffeln und andere landwirtschaftliche Erzeugnisse getrocknet. Die Zeit, um nach diesem Verfahren z. B. Kartoffeln auf 10 Proz. Feuchtigkeit zu trocknen, beträgt nur etwa 1 min.

                                                                   Thormann.

Lit.: Siehe bei Trockner.

Strömungsanzeiger sollen durch eine in die Leitung eingebaute Vorrichtung sichtbar machen, ob darin eine Strömung überhaupt oder eine Strömung mit einem bestimmten Betriebszustand vorhanden ist oder nicht. Zur Anzeige von Strömungen hat man zahlreiche Geräte entwickelt, die im

Interesse der Betriebssicherheit besonders in wichtigen Leitungen eingebaut werden, z. B. in Kühlwasserleitungen, wenn Temperaturerhöhungen durch Fortfall der Kühlwasserzufuhr Gefahren oder Schäden an den Erzeugnissen bringen können.

Ein einfaches Schauglas oder eine Laterne (s. d.) genügt für solche Zwecke meist nicht oder kann Täuschungen über das Vorhandensein einer Strömung verursachen. Geräte dieser Art können über die Strömung Auskunft geben, wenn diese Farb- oder Feststoffteilchen enthält. Sie werden daher vorwiegend angewendet, wenn es darauf ankommt, Färbung oder Trübung oder Verunreinigungen oder das Vorhandensein von Luftbläschen (z. B. in den Spinnlösungen der Kunstseide- und Zellwollebetriebe) sichtbar zu machen.

Die einfachsten Strömungsanzeiger bestehen in einem offenen Aus- oder Überlauf. Die zu beobachtende Leitung ist an einer geeigneten Stelle unterbrochen, so daß die Strömung frei in einen Trichter oder über ein kleines Wehr läuft. Einrichtungen dieser Art sind nur in drucklosen Leitungen möglich. Sie sind daher in der Regel an den Auslaufenden des durchströmten Systems angeordnet. Solche einfachen offenen Ausläufe finden sich besonders in Kühlwasserleitungen.

Ausläufe für Stoffe mit hohem Teildampfdruck, wie z. B. für die niedrigsiedenden organischen Flüssigkeiten, müssen mit einer Glasglocke oder einem Gehäuse, dessen Wandungen mit Schaugläsern (s. Schaulöcher) versehen sind, überdeckt sein. Hier wird der Auslauf meist so angeordnet, daß die Zulaufleitung in ein kleines, oben offenes Gefäß mündet, über das die Flüssigkeit überläuft. Man kann in dieses Gefäß ein Thermometer und eine Spindel hängen und damit außer dem Vorhandensein der Strömung gleichzeitig Temperatur und spezifisches Gewicht prüfen. Unmittelbar an dem Auslauf oder in dem Zulaufrohr, dicht vor dem Auslauf, wird meist eine Verbindung mit der Atmosphäre hergestellt, falls die Apparatur nicht mit Über- oder Unterdruck arbeitet. Diese Leitung darf keine Absperrorgane erhalten, wenn die Apparatur nicht überwachungspflichtig werden soll (s. Dampffässer). Außerdem wird meist an dem Gehäuse ein Auslaufhahn zur Entnahme von Proben angebracht. In großen Anlagen, z. B. in Vordestillationen von Mineralölraffinerien und in ähnlichen Großdestillationen, werden die Ausläufe für die verschiedenen Fraktionen meist gemeinsam nebeneinander in einem besonderen Raum angeordnet, den man auch als Empfänger- oder Aufnahmeraum bezeichnet.

Strömungsanzeiger der beschriebenen Bauarten geben keinen Maßstab für die in der Zeiteinheit hindurchgeflossenen Mengen. Sie lassen sich jedoch leicht so ausbilden, daß ein Schluß auf die Strommengen mit einer Genauigkeit möglich ist, die für viele Zwecke ausreicht. Solche Geräte bezeichnet man meist als Durchflußprüfer (s. d.).

Eine andere Gruppe von Geräten hat die Aufgabe, anzuzeigen, ob in einer Leitung Dampf oder Wasser strömt. Sie werden besonders zur Überwachung von Kondenstöpfen (s. d.) in der Regel in die drucklose oder unter geringem Überdruck stehende Leitung hinter dem Topf eingebaut, in der im regelmäßigen Betrieb eine Dampfströmung nicht vorhanden sein soll. Besonders wichtig ist der Einbau solcher Geräte hinter Kondenstöpfen mit Umführungsventil oder mit Umleitung, da man auf diese Weise prüfen kann, ob diese Ventile tatsächlich geschlossen sind. Ein solches Gerät besteht lediglich aus einem Gehäuse, dessen eine Wand eine Glasplatte bildet. Die zu beobachtende Strömung wird durch das Gehäuse geleitet und möglichst an die Glasscheibe gelenkt. Im Gehäuse befinden sich einige vorspringende Querwände oder eine Querwand mit einer unterhalb der Glasplatte liegenden Öffnung oder ein blockartiger Widerstand, so daß die Strömung dahinter zu Wirbelungen veranlaßt wird. Strömt Dampf durch das Gerät, so bilden sich an der Glasscheibe Tropfen, die sich an den Wirbelstellen lebhaft bewegen und so das Vorhandensein von Dampf anzeigen.

Eine weitere Möglichkeit, das Vorhandensein einer Strömung anzuzeigen, besteht darin, daß ein bewegliches Hindernis, z. B. eine kleine Platte oder eine Klappe, als Staukörper in die Strömung gestellt wird. Der Staudruck der Strömung bewegt diese Platte. Die Stellkraft wird auf einen Anzeiger übertragen. Solche Geräte eignen sich auch zur elektrischen Fernübertragung der Anzeige (s. auch Kontrollapparate, Meßvorrichtungen). Die Bewegung des genannten Staukörpers, der in die Strömung gebracht ist, kann durch eine Stopfbüchse (s. d.) oder durch eine magnetische Kraftübertragung aus dem Gehäuse nach außen zur Betätigung der Anzeigevorrichtung geleitet werden.

Häufig verwendet man einfache Rückschlagklappen (s. d.) als Strömungsanzeiger. Bei der geringsten Strömung wird die Klappe gehoben. Ihr Ausschlag wird durch die im Gehäuse gelagerte Welle z. B. auf einen außen am Gehäuse angebrachten Quecksilberkippschalter übertragen. Der Kippschalter dient als Kontaktgeber zur Auslösung eines Licht- oder Läutesignals oder zur unmittelbaren Schaltung elektromagnetisch oder elektromotorisch betätigter Absperrorgane. Er ist bei den üblichen Ausführungen in einem staub- und spritzwasserdichten Gehäuse eingebaut und kann rechts oder links von der Klappe angeordnet werden. Die Quecksilberschaltröhre hat gegenüber Federkontakten den Vorteil geringster Abnutzung und hoher Schaltempfindlichkeit; sie bedarf zur Betätigung nur geringer Kräfte. Eine solche Schaltröhre ist für Gleich- oder Wechselstrom verwendbar und kann sowohl auf Ruhestrom (Signal während der Dauer der Strömung) als auch auf Arbeitsstrom (Signal bei Aufhören der Strömung) eingestellt werden. Im allgemeinen wird sie so eingestellt, daß sie bei Ausbleiben der Strömung schaltet.

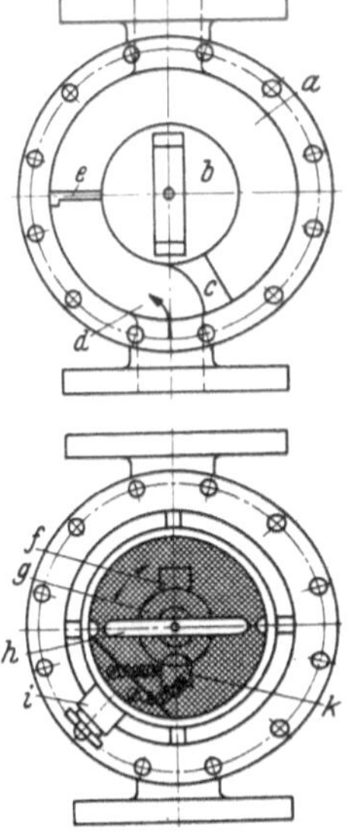

Abb. 2061. Strömungsanzeiger mit magnetischer Übertragung der Anzeige (Erhard).

Um die Stopfbüchse (s. d.) zu vermeiden, hat man für diese Zwecke eine **magnetische Übertragung** der Drehbewegung zur Anzeige der Strömung ausgenutzt. Als Beispiel zeigt Abb. 2061 eine von der Firma Joh. Erhard, Heidenheim-Brenz, entwickelte Bauart. Das Gerät spricht mit Hilfe eines elektrischen Stromkreises an, wenn die Strömung im Gehäuse unterbrochen wird. Der Strömungsanzeiger arbeitet mit zwei Magneten, die in einem Gehäuse aus nichtmagnetischem Werkstoff einander gegenüberliegen und um dieselbe Achse drehbar eingebaut sind. Der eine Magnet liegt innen in einem besonderen Schutzbehälter b, um ihn vor der zerstörenden Einwirkung der Flüssigkeit zu schützen. Magnetbehälter b und Gehäuse a sind achsengleich angeordnet, so daß mit Hilfe einer Zwischenwand c ein halbkreisförmiger Durchflußkanal d gebildet wird. In diesen Kanal ragt der Magnetbehälter mit einem Flügel e hinein; die strömende Flüssigkeit drängt den Flügel aus ihrem Weg und setzt auf diese Weise den Magnetbehälter mit dem Magnet in drehende Bewegung. Dadurch wird der außen gegenüberliegende Magnet f mit dem Kippkontakt g und dem Zeiger h mitgenommen. Zur Rückbewegung dient eine Spiralfeder im Magnetbehälter. Der Quecksilberkippkontakt g ist ringförmig ausgebildet, so daß er durch eine kurze Drehung für Arbeitsstrom oder für Ruhestrom eingestellt werden kann. Der Zeiger muß sich stets in einer senkrechten Ebene bewegen, damit das Quecksilber die Kontaktstifte k immer erreichen kann. Die Schraubenzahl des Deckels ist durch vier teilbar, so daß das Gerät in vier Hauptstellungen eingebaut werden kann. Zur Stromdurchführung dient eine am Zeigergehäuse angebrachte Stopfbüchse i, die das Kabelrohr wasserdicht umschließt.

Geräte ähnlicher Bauart werden verwendet, um das Überschreiten einer bestimmten Geschwindigkeit auf elektrischem Wege zu melden. Ein drehbarer Flügel ragt in die Strömung und wird gedreht, sobald der eingestellte Ansprechwert erreicht wird. Dabei wird eine Quecksilberröhre betätigt, deren Schaltungen für Meldungen nach Bedarf ausgenutzt werden können. Geräte dieser Art, die man auch als Strömungswächter bezeichnet, werden besonders in Luftkanälen für Beheizung, Trocknung, Kühlung und Entlüftung verwendet.

Eine weitere Gruppe von Strömungsanzeigern hat die Aufgabe, eine Flüssigkeit anzuzeigen, die in einer Leitung strömt, die nur für Gase bestimmt ist. Solche Anzeiger sind erforderlich, wenn Flüssigkeiten z. B. durch Überfüllen von Behältern in Entlüftungsleitungen gelangen können usw. Derartige Flüssigkeitsanzeiger bestehen aus einem Gehäuse, das Stauwände für die Flüssigkeit enthält, den Gasen aber freien Durchtritt gewährt. Innerhalb der Stauwände befindet sich ein Schwimmer, der aufsteigt, sobald Flüssigkeit in diesen Raum gelangt. Die Bewegung des Schwimmers wird durch einen Glaszylinder oder durch Schaugläser (s. Schaulöcher) sichtbar gemacht.

Für Messungen der Mengen, die durch die Leitung strömen, sind die besonders für diese Zwecke entwickelten Mengenmeßgeräte anzuwenden (s. Flüssigkeitsmesser, Meßvorrichtungen).

Thormann.

Strömungsregler, s. Rohrleitungen.

Stulpdichtungen (Manschetten) werden zur Abdichtung gegen Druckflüssigkeiten oder Druckgase besonders in Einrichtungen, die mit Preßwasser oder mit Druckluft arbeiten, verwendet. Sie haben dabei meist die Aufgabe, den Spalt abzuschließen, der zwischen den Flächen der Gehäusewand einer Presse und einer Stange oder einem Kolben entsteht, die sich meist mit verhältnismäßig geringen Geschwindigkeiten bewegen. Der Flüssigkeits- bzw. Gasdruck legt den durch den Stulp gebildeten Rand, der bei manchen Ausführungen lippenartig gestaltet ist, fest an die abzudichtende Fläche. Der Dichtrand von einfachen Ledermanschetten wird außerdem meist durch ringartige Druckstücke an die zu dichtenden Flächen gepreßt. Man verwendet entweder nur eine Manschette oder mehrere übereinander in einer gemeinsamen

Packung (s. auch Stopfbüchsen). Die Manschette wird mit einer gewissen Vorspannung eingesetzt. Damit diese nach allen Seiten gleichmäßig wirkt, ist beim Einbau auf gleichmittigen Sitz der Dichtung zu achten. Die Stulpdichtungen sollen ähnlich wie auch die Stopfbüchsen (s. d.) nicht führen. Hierzu sind also besondere Gleit- oder Lagerflächen vorzusehen. Um die Abnutzung der Stulpdichtungen zu vermindern, sollen diese Flächen fein geschlichtet oder geschliffen sein.

Für Lederdichtungen verwendet man vorwiegend Chromleder, da dieses höhere Temperaturen verträgt als Lohleder, das nur für Temperaturen bis etwa 85° brauchbar ist, während Chromleder Temperaturen bis etwa 90° verträgt. Das porige Fasergefüge des Leders wird durch Imprägniermassen gefüllt, die das Leder dicht machen und seine Formbeständigkeit erhöhen. Die Dicke von Lederdichtungen ist durch die Hautstärken begrenzt. Besonders starke Dichtungen müssen daher durch Leimen von zwei Häuten hergestellt werden.

Bei höheren Temperaturen verwendet man statt der Ledermanschetten häufig Guttapercha-Dichtungen. Sie verziehen sich auch nach längeren Betriebszeiten nicht. – Besonders bewährt haben sich Dichtungen aus künst-

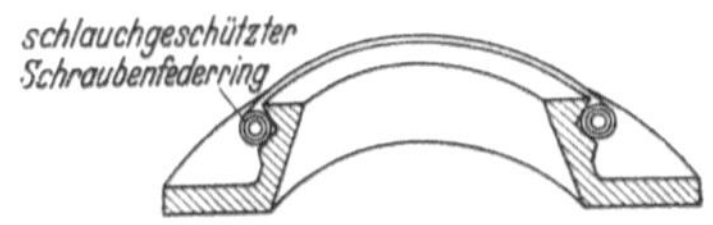

Abb. 2062. Hutmanschette mit schlauchgeschütztem Schraubenfederring (Freudenberg).

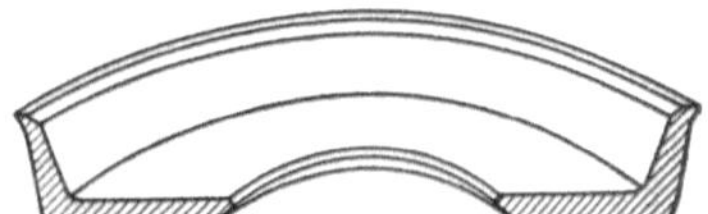

Abb. 2063. Topfmanschette (Freudenberg).

lichem Kautschuk (Perbunan), der heute als Werkstoff für diese Zwecke besonders bevorzugt wird. Solche Gummidichtungen haben den Vorteil, daß sie auch gegen Säuren, Laugen und die meisten organischen Lösungsmittel beständig sind und auch nach langen Betriebszeiten völlig dicht halten. Lederdichtungen bleiben infolge Lösung der Imprägnierung im Fasergefüge meist nicht so lange dicht. Während man bei Lederdichtungen oft mehrere Stulpen hintereinander einbauen muß, genügt bei Stulpdichtungen aus Buna-Werkstoffen oft nur eine einzelne Manschette. Die Stärke der Dichtung ist nicht wie beim Leder an eine bestimmte Grenze gebunden; außerdem läßt sich der am meisten beanspruchte Querschnittsteil der Manschette am abzudichtenden Spalt stärker halten.

Nach dem Querschnitt der Dichtungen kann man neben einigen Sonderbauarten Hut-, Topf- und Nutringformen unterscheiden. Hutmanschetten dienen besonders zur Abdichtung von Stangen und Wellen. Sie werden, besonders bei wechselnden Drücken, oft durch einen Schraubenfederring an die Gegenfläche angelegt, der durch einen Gummischlauch geschützt werden kann, wie Abb. 2062 mit einer Ausführung der Firma Carl Freudenberg, Weinheim, zeigt. Die zugeschärfte Dichtkante ist stets dem unter Druck stehenden Raum zugekehrt. — Hin- und hergehende Kolben werden meist mit **Topfmanschetten** abgedichtet. Eine einfache Ausführungsform (Freudenberg) stellt Abb. 2063 dar. Wechselt der Druck, so können Schraubendruckfedern zur Sicherung der Anlage des Dichtrandes eingebaut werden. Den Einbau von Topfmanschetten aus Buna-Werkstoff in einem Kolben veranschaulicht Abb. 2064 (Freudenberg). Der Kolben wird außerhalb der Dichtungen besonders geführt. Die durch eine Schraubverbindung zusammengehaltenen Gegenflansche werden nicht, wie es bei Ledermanschetten früher

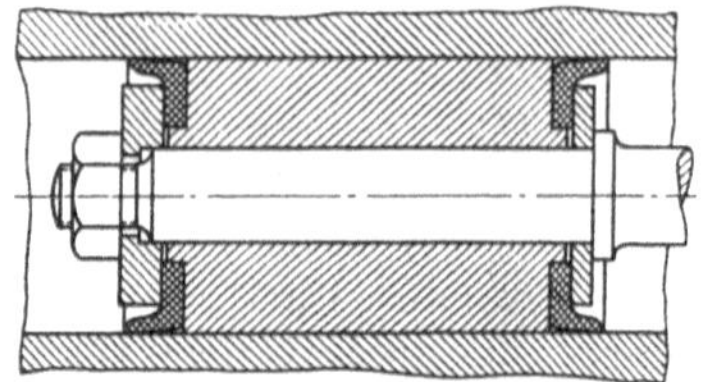

Abb. 2064. Abdichtung eines Kolbens durch Topfmanschetten (Freudenberg).

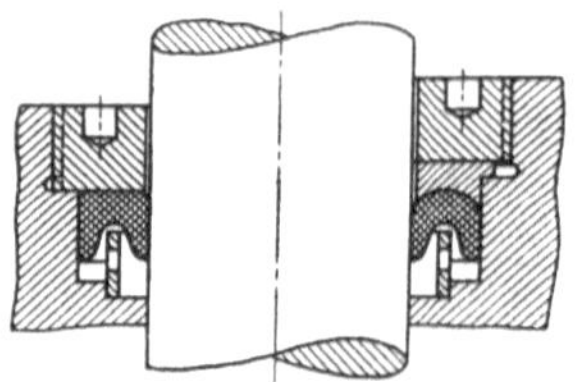

Abb. 2065. Einbau von Nutringmanschetten (Freudenberg).

üblich war, noch zum Anpressen des Dichtlippenrandes benutzt, sondern sind kleiner gestaltet, so daß die Dichtlippen frei liegen. — Nutringmanschetten eignen sich besonders zur Abdichtung gegen Flüssigkeiten und Gase, die unter sehr hohen Drücken stehen. Sie werden mit ebenem oder mit rundem Rücken hergestellt. Äußere und innere Lippen müssen den vollen Druck erhalten. Den Einbau solcher Nutringe aus Buna-Werkstoff zeigt Abb. 2065 mit je einem Ausführungsbeispiel auf der rechten und linken Seite (Freudenberg). Zum Ausgleich des Druckes ist der Abstandsring mit mehreren Bohrungen versehen.

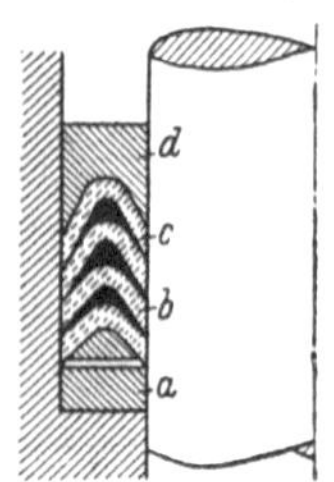

Abb. 2066. Dichtung mit Lederstulpenpackung.

Eine mit mehreren dachförmigen Lederstulpen arbeitende Packung zeigt Abb. 2066. Die gewölbten Lederstulpen b werden zwischen dem Stützring a und dem Gegenring d durch eine Verschraubung zusammengehalten. Die zwischen den einzelnen Stulpen entstehenden Hohlräume werden durch Einlegeringe c ausgefüllt.

Thormann.

Stutzen dienen zum Anschluß von Rohrleitungen und Armaturen an Gefäßen aller Art; die Ausführung richtet sich nach den verwendeten Baustoffen und dem Zweck des Anschlusses.

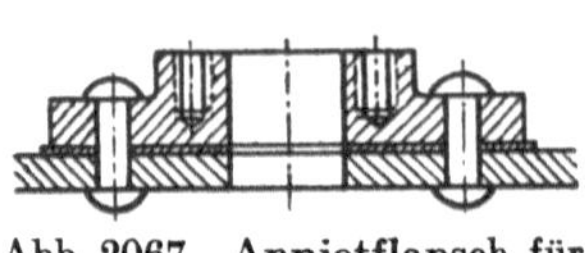

Abb. 2067. Annietflansch für Stiftschrauben.

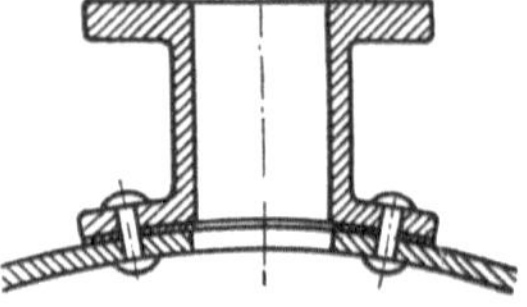

Abb. 2068. Angenieteter Stutzen.

An gegossenen Apparaten werden die Anschlußstutzen an dem Gußkörper meist unmittelbar angegossen. Bei Gefäßen, die aus Blechen zusammengesetzt sind, stellt man die Verbindung durch Nietung oder Schweißung, bei kleineren Ausführungen auch durch Hartlötung her. Der genietete Anschluß wird durch einen scheibenförmigen Annietflansch etwa nach Abb. 2067 oder durch einen angenieteten Stutzen nach Abb. 2068 hergestellt. Im ersten

Fall wird das anzuschließende Rohr durch Stiftschrauben, Kopfschrauben, Innengewinde im Flansch oder durch Hakenschrauben mit dem Flansch verbunden. Annietflansche werden auch für außen- und innenliegende Anschlüsse

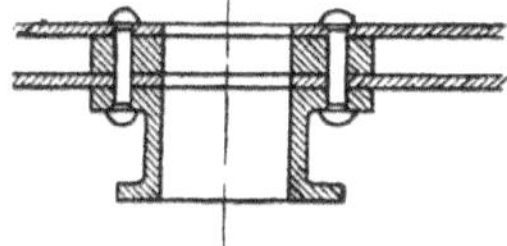

Abb. 2069. Stutzen an
einem Doppelmantel.

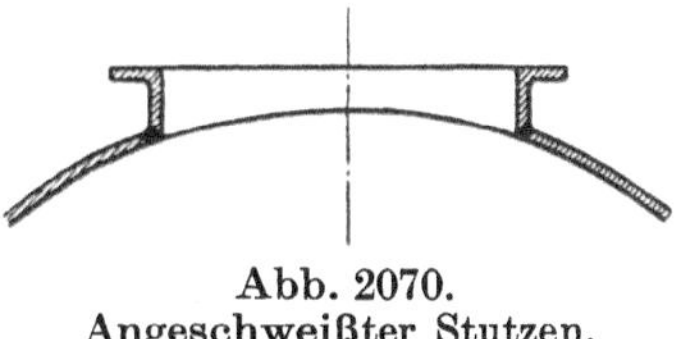

Abb. 2070.
Angeschweißter Stutzen.

(Durchführungen) verwendet. Für untergeordnete Zwecke läßt sich auch der gewöhnliche Gasflansch mit Innengewinde als Annietflansch verwenden.

Durchführungen durch Doppelmäntel können durch Nietung etwa nach Abb. 2069 ausgeführt werden. Man kann die Ausschnitte in den Wänden so groß machen, daß die Anschlußflansche unmittelbar an das Zwischenstück angeschraubt werden können. Diese Bauart ist besonders bei stark gekrümmten Flächen geeignet, da man dann an dem Zwischenstück ebene Anschlußflächen anbringen kann.

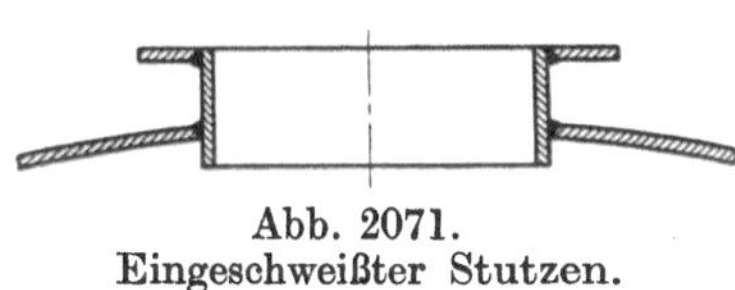

Abb. 2071.
Eingeschweißter Stutzen.

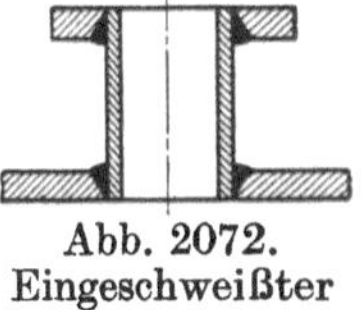

Abb. 2072.
Eingeschweißter
Stutzen.

Die Annietflansche werden aus Stahl, Stahlguß oder Temperguß, bei kleinen Ausführungen und geringen Beanspruchungen auch aus Gußeisen hergestellt. Da die Nietung allein nicht genügend dicht hält, wird zwischen Stutzen und Gefäßwand meist noch eine Stemmscheibe aus Blech von 3—5 mm Stärke eingelegt. Bei Kugelflächen kann der Stemmring so stark ausgeführt werden, daß seine Außenfläche eben gestaltet werden kann.

Besonders einfache Ausführungen von Stutzen lassen sich durch die heute allgemein bevorzugte Schweißung herstellen. Das Anbringen eines großen Stutzens nach Abb. 2070 an einen zylindrischen Behälter würde eine erhebliche Arbeit erfordern, wenn dieser angenietet werden sollte. Besser ist die Bauart nach Abb. 2071, die sich besonders auch für Überdrücke eignet. Einen kleinen Stutzen, der aus einem eingeschweißten Stahlrohr besteht, zeigt Abb. 2072. Eine andere Ausführung, die besonders für höhere Drücke bestimmt ist und aus einem starkwandigen Rohr besteht, ist auf Abb. 2073 dargestellt. Der Stutzen nach Abb. 2074 ist in eine Hülse eingeschraubt, die in die Wandung einge-

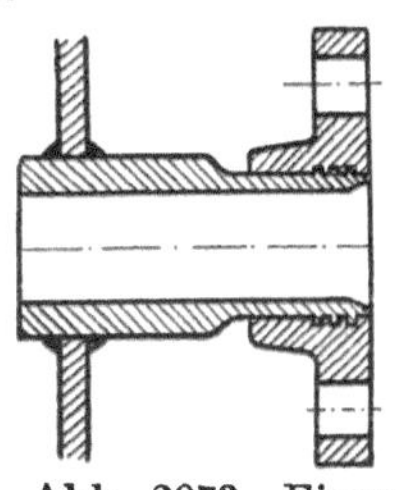

Abb. 2073. Eingeschweißter Stutzen.

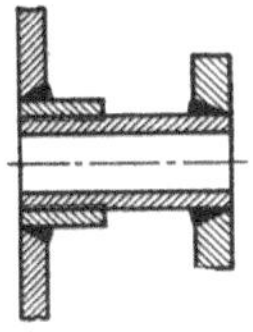

Abb. 2074.
Eingeschraubter Stutzen.

schweißt ist. Mit Hilfe der Elektroschweißung können Stutzen aus Stahlguß unmittelbar an Stahlblechwandungen angeschweißt werden (s. auch *H. Scheffel*, Stahlguß im chemischen Apparatebau [Rheinmetall-Borsig-Mitteilungen 1937, S. 6]).

Das Anbringen metallener Stutzen, z. B. solcher aus Kupfer, an Metallwandungen wird durch die gute Bearbeitbarkeit der Metalle erleichtert. Man kann z. B. geeignete Anschlußflächen unmittelbar heraustreiben und den Stutzen mit entsprechenden Paßflächen versehen, wie Abb. 2075 mit einem seitlichen und Abb. 2076 mit einem unten gelegenen

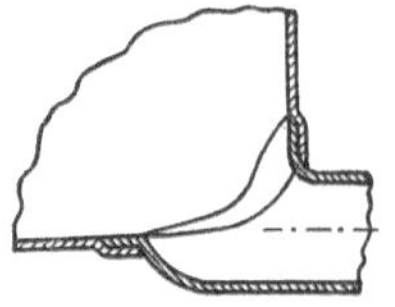

Abb. 2075. Seitlicher Ablaufstutzen.

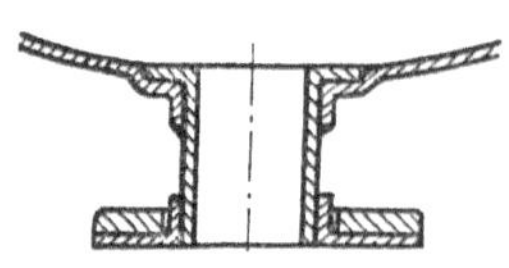

Abb. 2076. Ablaufstutzen.

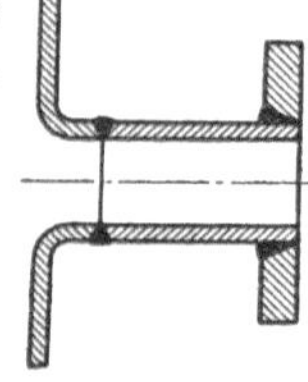

Abb. 2077. Angeschweißter Stutzen.

Gefäßablauf zeigen. Die Verbindung erfolgt durch Nieten und Löten oder auch nur durch Löten oder durch Schweißen, z. B. nach Abb. 2077. Abb. 2078 zeigt einen Stutzen, der in einen angenieteten Flansch eingeschraubt ist. Sehr gebräuchlich sind Klemmverbindungen. So kann man nach Abb. 2079 einen anzuschließenden Metallstutzen mit Gewinde versehen und durch

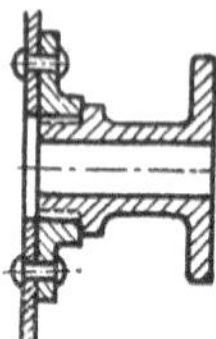

Abb. 2078. Schraubstutzen.

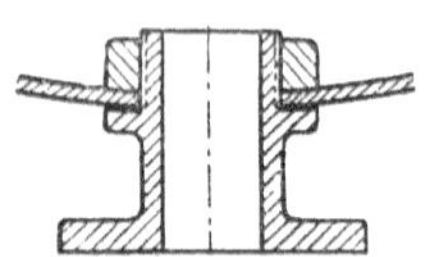

Abb. 2079. Stutzen mit Gewindering.

Abb. 2080. Ablauf.

einen von innen aufgesetzten Gewindering an die Kupferwand anziehen. Ähnlich ist der Ablauf nach Abb. 2080 gebaut, der keinen Vorsprung in der Innenwand ergibt. Der entsprechend gestaltete Gewindering legt sich in eine Austreibung der Gefäßwand. Bei dem auf Abb. 2081 dargestellten Stutzen mit Rohreinführung ist eine Gewindehülse auf ein Rohr gesetzt;

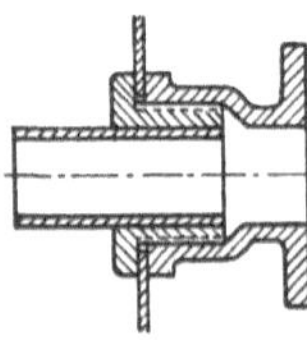

Abb. 2081. Rohrdurchführung.

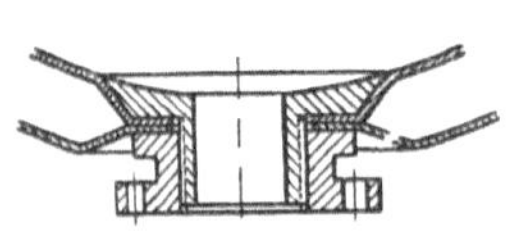

Abb. 2082. Doppelwandstutzen.

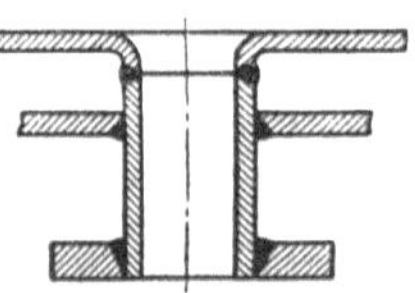

Abb. 2083. In einen Doppelmantel eingeschweißter Stutzen.

der Stutzen ist mit Innengewinde versehen und auf die Hülse geschraubt. Statt den Stutzen mit Gewinde zu versehen, kann man ihn auch durch Schrauben, die von außen eingesetzt sind, mit dem Innenring verbinden. Auch bei dieser Ausführung kann der Innenring in eine Auspolterung der Gefäßwand gelegt werden. Ganz ähnliche Bauarten werden angewendet, wenn ein Anschluß in einer Doppelwand anzuordnen ist (s. auch Doppelmäntel). Von den vielen Möglichkeiten zeigt Abb. 2082 einen Stutzen mit einer Schraubverbindung. Vielfach legt man zwischen die beiden Kupferwände noch eine Zwischenscheibe, so daß man mit nur einer Auspolterung der Innenwand auskommt.

Eine geschweißte Ausführung für ein Gefäß mit Doppelmantel ist auf Abb. 2083 dargestellt.

Die Stutzen überwachungs- oder genehmigungspflichtiger Gefäße sind als Bestandteile dieser anzusehen. Soweit also die Gefäße unter den Geltungsbereich der allgemeinen polizeilichen Bestimmungen für Landdampfkessel oder der Dampffaßverordnung fallen, müssen auch die Stutzen diesen Vorschriften entsprechen (s. Dampffässer).

Lit.: *E. Hausbrand*, Hilfsbuch für den Apparatebau (3. Aufl., Berlin 1924, Julius Springer). — *G. Hönnicke*, Handbuch zum Dampffaß- und Apparatebau (Berlin 1924, Julius Springer). — *H. Schröder*, Neuzeitliche Schweißkonstruktionen im chemischen Apparatebau (Chem. Apparatur 1934, S. 21).

Thormann.

Sublimierapparate. Einige feste Stoffe haben bei Temperaturen unterhalb des Schmelzpunktes bereits so hohe Dampfdrücke, daß sie bei ausreichender Wärmezufuhr Dämpfe entwickeln, ohne daß der Stoff vorher in den flüssigen Zustand überführt wird, und daß sie bei Abkühlung unmittelbar aus dem dampfförmigen Zustand krystallisieren. Diesen Vorgang bezeichnet man als Sublimation. Man benutzt ihn, um Stoffe mit diesen Dampfdruckeigenschaften von anderen Bestandteilen zu reinigen, die bei diesen Temperaturen nicht flüchtig sind und daher nicht mitsublimieren. Man bezeichnet in der Technik ferner als Sublimierapparate meist auch Einrichtungen, in denen Stoffe mit ähnlichen Dampfdruckeigenschaften geschmolzen und unter Anwesenheit von Luft oder inerten Gasen verflüchtigt und darauf durch Kühlung unmittelbar in den festen Zustand überführt werden.

Die Sublimationstemperaturen liegen immer erheblich unter den normalen Siedetemperaturen der Stoffe, was bei einem Vergleich mit der Destillation (s. Destillierapparate) als Vorteil zu werten ist. Auch die Sublimationswärme, die der Verdampfungswärme bei der Destillation entspricht, ist bei den durch Sublimation zu verarbeitenden Stoffen meist sehr gering. — Von den Stoffen, die in der Technik durch Sublimation gereinigt werden, seien z. B. genannt: Benzoesäure, Salicylsäure, Campher, Pyrogallol, Rohjod und Naphthalin.

Ebenso wie bei der einfachen Destillation zur Trennung eines Gemisches von Flüssigkeiten verfahren wird, kann auch die Sublimation mehrfach wiederholt werden, wenn ein besonders reines Erzeugnis erhalten werden soll. Sind in dem Ausgangsgemisch Stoffe mit verschiedenen Sublimationsdrücken, bezogen auf eine bestimmte Temperatur, vorhanden, so können unter allmählicher Steigerung der Temperatur nacheinander Sublimate von verschiedener Zusammensetzung durch eine fraktionierte Sublimation gewonnen werden.

Die Sublimationsdrücke sind in der Regel sehr gering. Die Sublimation wird daher unter Luftleere oder unter Anwesenheit von Luft, von inerten Gasen (Stickstoff, Kohlensäure usw.) oder von Wasserdampf durchgeführt. Befinden sich über dem Gut Gas- oder Wasserdampfschichten, so muß der aus dem Gut aufsteigende Dampf durch diese hindurchdiffundieren. Die von den Oberflächen des Gutes ausgehende Stoffbewegung und damit die Sublimationsleistung kann beschleunigt werden, wenn konvektive Strömungen die Sublimation unterstützen. Es ist daher allgemein für den Sublimationsvorgang günstig, Luft oder ein anderes Gas oder Wasserdampf in gleichmäßigem Strom über das Gut strömen zu lassen. In der Regel wird Luft verwendet, der oft ein nichtbrennbares Gas, z. B. Kohlensäure, zugemischt wird, wenn die Gefahr von Explosionen besteht. Die Luft, das Gas-Luft-Gemisch oder der Dampf haben dabei die Aufgabe, den Teildruck zwischen dem meßbaren Gesamtdruck, z. B. dem Atmosphärendruck, und dem Sublimationsdruck zu übernehmen. Blaseinrichtungen für diese Zwecke müssen so hoch liegen, daß Verunreinigungen nicht in die Vorlage gerissen werden können.

Die Wasserdampfsublimation, bei der Wasserdampf unmittelbar über das zu sublimierende Gut geblasen wird, verursacht infolge des hohen Dampfverbrauches erhebliche Kosten, so daß sie nur selten in Betracht kommt.

Ein Sublimierapparat besteht, ähnlich wie ein einfacher Destillierapparat, aus der Sublimierblase und der Sublimiervorlage. Der zu sublimierende Stoff wird in dünner Schicht auf der beheizten Blasenfläche ausgebreitet, die hierzu eine flache Form erhält. Dies ist besonders wichtig, wenn der Anteil der nichtflüchtigen, bei der Sublimation zurückbleibenden Verunreinigungen erheblich ist, da diese auf der Heizfläche eine Schicht bilden könnten, die den Wärmedurchgang und damit den Fortgang der Sublimation erschweren würde. Bisweilen wird ein Rührwerk angeordnet, um das Gut oder den Rückstand gleichmäßig durchzuarbeiten. Da die Sublimation lediglich von den Oberflächen des beheizten Gutes ausgehen kann, ist es vorteilhaft, wenn die zu sublimierenden Stoffe in stückiger Verteilung in den Apparat kommen. Sie müssen daher erforderlichenfalls vorher zerkleinert werden.

Befindet sich über dem Sublimationsgut Gas oder Wasserdampf, so kann die Temperatur des Gutes je nach den Wärmeübergangsverhältnissen verschiedene Werte annehmen, da der Teildampfdruck verschieden groß sein kann. Wird die Heizfläche daher an einer Stelle übermäßig erhitzt, so kann auch das Gut hier höhere Temperaturen annehmen, so daß verringerte Ausbeuten oder Schädigungen des Erzeugnisses durch chemische Umsetzungen infolge Überhitzung oder auch durch Übergehen von Verunreinigungen möglich sind. Um eine gleichmäßige Beheizung zu sichern, hat man daher oft wärmeverteilende Zwischenschichten, z. B. Bäder mit Sand, Öl oder Salzlösungen, angewendet. Sandbäder erfordern ein erhebliches Temperaturgefälle, so daß man sie zu vermeiden sucht. In solchen Fällen hat sich z. B. die Heißwasserbeheizung in Form der Frederking-Apparate (s. d.) oder die Beheizung mit Hilfe von aufgeschweißten Rohren oder Kanälen für Sublimationszwecke bewährt.

Wird der Dampf in der Blase aus der geschmolzenen Phase entwickelt, so sind die Heizflächen ähnlich den Blasen der Destillierapparate (s. d.) gebaut. Die Sublimation läßt sich durch Schmelzen des Gutes wesentlich beschleunigen. Dabei steigen jedoch die Sublimationstemperaturen.

Für große Leistungen werden statt der einfachen Blasen auch Sublimationskammern benutzt, in denen das Gut auf übereinander angeordneten Platten, Schalen oder Horden ruht. Die Platten können unmittelbar durch

Dampf oder heißes Wasser beheizt werden. Die Sublimationswärme kann aber auch mittelbar durch die erhitzte Luft oder durch das erwärmte Gas-Luft-Gemisch auf das Gut übertragen werden. Zu diesem Zweck werden in der Kammer oder in der Luftzuführung Heizrohre oder andere Erhitzer (s. Lufterhitzer) angebracht.

Aus der heißen Blase wird das Gut vorwiegend durch Konvektionsströme, in beschränktem Umfang auch durch Diffusion, in die kalte Vorlage geführt. Der für eine bestimmte Leistung erforderliche Rauminhalt der Vorlage hängt wesentlich davon ab, ob sich das Sublimat vorwiegend durch starke Kühlwirkung der Wände an diesen in Form von anhaftenden Krystallen abscheiden oder ob es teilweise schon vorher durch allmähliche Kühlung in dem Trägergas ausfallen soll. In dem zuletzt genannten Fall muß die Vorlage um ein Vielfaches größer sein als die zugehörige Blase. Der Rauminhalt der Vorlage wird dabei wesentlich durch den Teildampfdruck des sublimierenden Stoffes bestimmt. Je kleiner dieser Teildampfdruck ist, je größer verhältnismäßig also z. B. der Teildruck der Luft in der Apparatur ist, um so größer muß die Vorlage sein.

Scheidet sich das Gut infolge starker Kühlung vorwiegend unmittelbar an den Wänden ab, so ist der Rauminhalt der Vorlage verhältnismäßig klein. In Apparaten für geringe Leistungen kann der Gefäßdeckel unmittelbar als Vorlage dienen. Bisweilen verwendet man als Vorlage ein wassergekühltes Rohr, in dem ein schabendes Rührwerk läuft, das den Niederschlag entfernt und zu einem Auslauf am Ende des Rohres bringt.

Scheidet sich das Gut teilweise schon in dem Trägergas in der Vorlage ab, so daß sich in der Vorlage kleine Krystalle schon in dem Trägergas entwickeln und schwebend wachsen, so muß die Vorlage nach Art einer Staubkammer wirken und das Niederfallen des Sublimats infolge des eigenen Gewichtes durch eine geräumige Bauart begünstigen. An der nach der Blase zu gelegenen Seite der Vorlage fallen dabei die größten Teilchen aus, während die feineren Teilchen weitergetragen werden. Damit die Vorlage in der beschriebenen Weise wirken kann, erhält sie meist die Form eines waagerechten Zylinders. Das Gut fällt teils auf den Boden der Vorlage und setzt sich teilweise auch an den Wänden ab, von wo es durch Abklopfen oder Abstreichen entfernt werden kann. Zum Absetzen des Niederschlages werden oft Einbauten, z. B. parallel eingelegte Platten, in der Vorlage angeordnet. Die Sublimationswärme wird von den Wandungen der Vorlage unmittelbar an die Außenluft abgegeben. Die Wärmeabfuhr kann durch wassergekühlte Flächen beschleunigt werden. Je schroffer die Kühlwirkung ist, um so feinkörniger wird das Erzeugnis meist ausfallen. Statt der zylindrischen Vorlagen werden bisweilen auch große rechteckige Kammern verwendet, an die sich unten bunkerartige Taschen mit einfachen Verschlüssen zum Sammeln und Austragen des Sublimats anschließen. Alle Kühlflächen müssen sich leicht reinigen lassen. Wird die Sublimation durch Einblasen von Gasen in die Vorlage beschleunigt, so werden diese an der kältesten Stelle der Vorlage über einen Abscheider abgesaugt oder durch ein Gebläse im Kreislauf zur Blase zurückgeführt.

Wird die ganze Apparatur unter hohe Luftleere gesetzt, so kann die Sublimationstemperatur entsprechend der Dampfdruckabnahme gesenkt werden. Je tiefer die Luftleere ist, um so mehr steigt die Geschwindigkeit der Sublimation, da die Dämpfe dann nicht durch Gasschichten diffundieren müssen. Damit Dämpfe des Sublimationsgutes nicht in die Vakuumpumpen gelangen können, sind geeignete Abscheider, z. B. mit einem Absorptionsmittel betriebene Wäscher (s. Absorptionsapparate), Filter mit aktiver Kohle (s. Adsorptionsapparate) oder Tiefkühler, in die zur Luftpumpe führende Saugleitung einzuschalten.

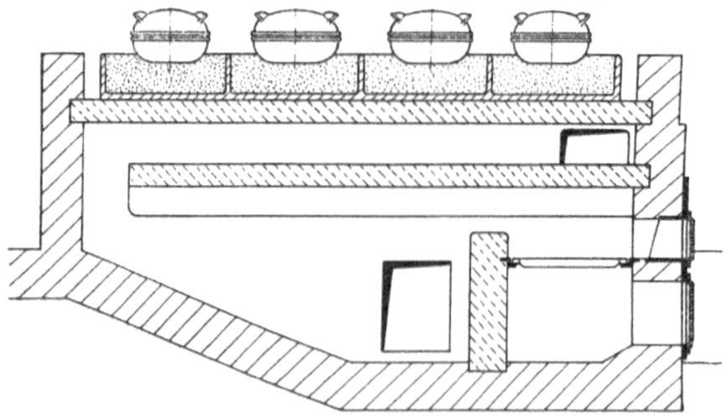

Abb. 2084. Jodsublimierapparat (Hadamovsky).

Die einfachsten Sublimierapparate bestehen aus einem zweiteiligen Gefäß. Die untere Hälfte nimmt das Sublimationsgut auf. Der Deckel, der entweder flach oder in Form eines länglichen Zylinders ausgebildet ist, dient unmittelbar als Vorlage. Das Sublimat setzt sich an diesem Deckel fest und wird von Zeit zu Zeit nach Abheben des Deckels entfernt. — Einen Jodsublimierapparat (E. Hadamovsky, Berlin), der nach diesem Verfahren arbeitet, zeigt Abb. 2084. Hier sind Blase und Vorlage zu einem Gefäß vereinigt, das aus einer Steinzeugschale und aus einem mit Handgriffen versehenen Glasdeckel besteht. Die Schalen werden unter Zwischenschaltung eines Sandbades beheizt. Das Sublimat setzt sich an dem Deckel an, der durch Wärmeabgabe an die Luft kühl gehalten wird. Von Zeit zu Zeit wird der Deckel abgehoben und das sublimierte Jod entfernt.

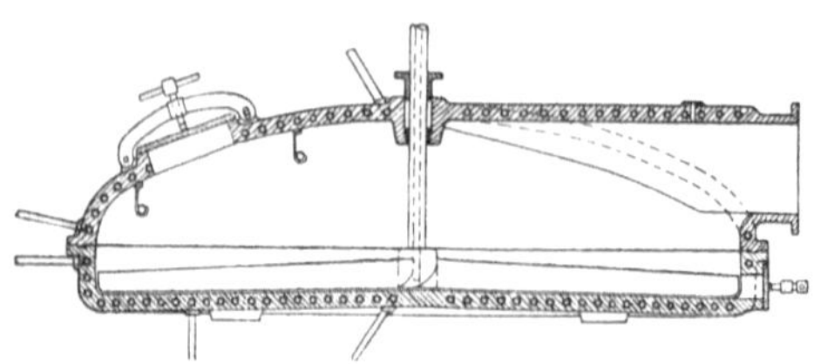

Abb. 2085. Sublimierschale (Opitz & Kloz).

Zum Betrieb von Sublimierblasen hat sich die Heißwasserbeheizung bewährt, z. B. durch unmittelbar in die Blasenwandungen eingegossene Rohre (s. Frederking-Apparate) oder durch Rohre, die auf die Heizflächen aufgeschweißt sind. Eine allseitig beheizte Sublimierschale mit eingegossenen Heizrohren (Opitz & Kloz G. m. b. H., Geithain i. Sachsen) zeigt Abb. 2085. Ein einfacher, langsam laufender Balkenrührer gleitet über die Schalenfläche. Die Blase wird in der Regel auf hohe Stützen gestellt, da der Anschlußstutzen der Vorlage meist verhältnismäßig hoch liegen muß.

Die auf Abb. 2086 dargestellte Sublimieranlage für Salicylsäure (Hadamovsky) besteht aus einer Blase, die durch ein Flüssigkeitsbad beheizt ist, um das Gut gleichmäßig zu erhitzen, und aus einer zylindrischen, luftgekühlten Vorlage. Zur Wärmeerzeugung dient eine Rostfeuerung, deren Strahlungsraum ein gelochtes Gewölbe abdeckt. Dicht über dem Sublimationsgut befindet sich ein Ringrohr mit Bohrungen, um inerte Gase zur Beschleunigung der Sublimation einblasen zu können. Der Deckel der Vorlage ist an einer Rolle befestigt, so daß er leicht zu entfernen ist, wenn der Nieder-

schlag ausgebracht werden soll. Damit sich die Dämpfe über die ganze
Vorlage gleichmäßig verteilen können, ist der Anschluß der Blase an die
Vorlage hoch gelegt.

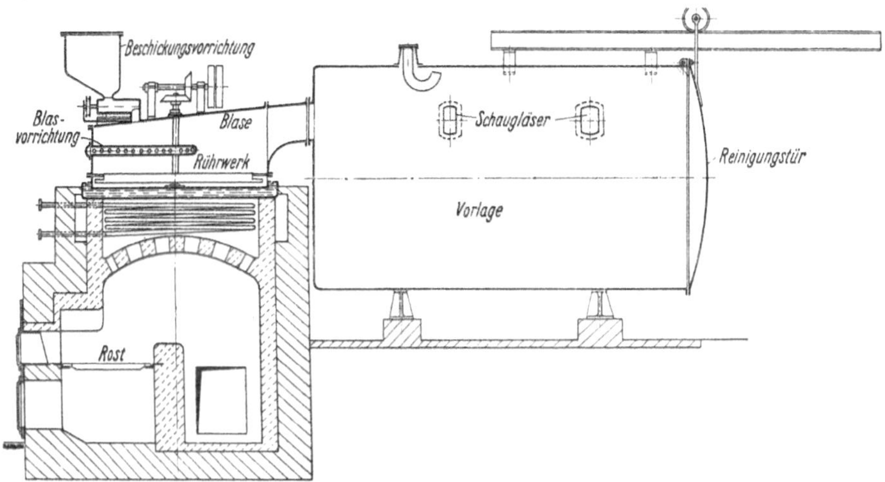

Abb. 2086. Sublimierapparat für Salicylsäure (Hadamovsky).

Einen Sublimierapparat für synthetischen Campher zeigt Abb. 2087. Der
Rohcampher wird in einem mit Heizmantel und Rührflügel versehenen,
gußeisernen Vorschmelzapparat unter Luftabschluß erhitzt. Eine Schnecke
bringt das erwärmte Gut in die Sublimierblase, die hier die Form eines

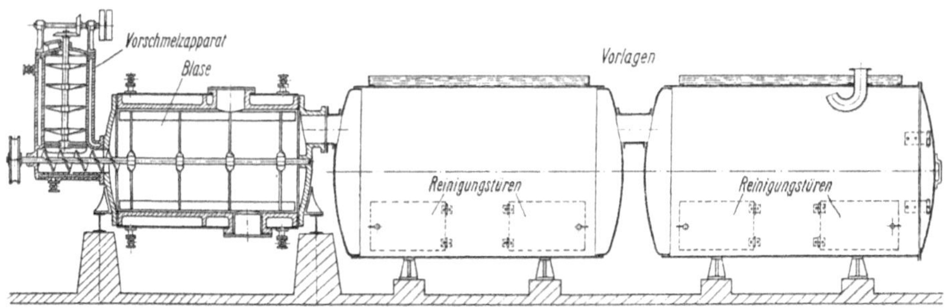

Abb. 2087. Sublimierapparat für synthetischen Campher (Hadamovsky).

liegenden Zylinders hat und mit einem Heizmantel und einem schabenden
Rührwerk versehen ist. An die Vorlage sind zwei hintereinandergeschaltete Vorlagen angeschlossen, die beide mit Wasser gekühlt werden. Der
sublimierte Campher setzt sich an den Wänden fest und wird von Hand durch
die Reinigungstüren entfernt. Auch diese Apparatur arbeitet unter Luftleere.
Die Luftpumpe ist an einen Stutzen im oberen Teil der zweiten Vorlage angeschlossen.

Ein Sublimierapparat für größere Leistungen, bei dem in der Vorlage

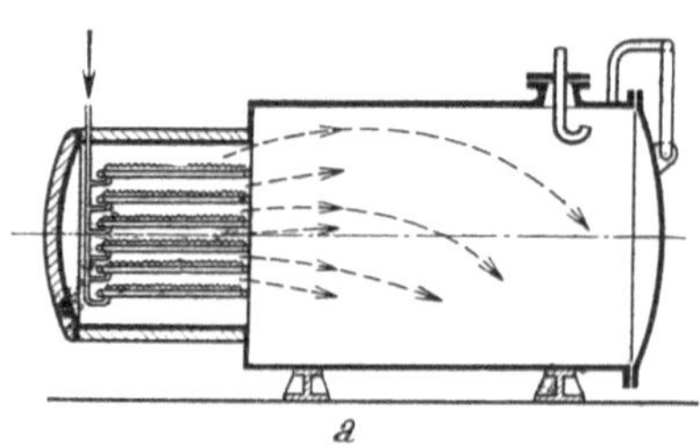

Abb. 2088. Sublimierapparat mit heizbaren Platten.

mehrere heizbare Platten übereinander angeordnet sind, ist auf Abb. 2088 dargestellt.

Lit.: *E. Hadamovsky*, Sublimation, in *F. Ullmann*, Enzyklopädie der technischen Chemie, Bd. 9, S. 742 (2. Aufl., Berlin 1932, Urban & Schwarzenberg). — *M. Strübin*, Über die Sublimation von Stoffen (Chemische Apparatur 1929, S. 139, 164, 187, 211, 235); Physikalisch-Chemische Grundbegriffe zur Destillations- und Sublimationstechnik (Chemische Apparatur 1930, S. 256, 277; 1931, S. 37, 73).

Thormann.

T

Tablettenkomprimiermaschinen sind Maschinen zur Aufbereitung pulverisierter Stoffe (zu denen je nach Bedarf geeignete Gleit- oder Bindemittel hinzugefügt werden müssen) in Tabletten-, Kugel- oder Würfelform. Sollen sehr geringe Mengen Stoff in Tablettenform gebracht werden, z. B. stark wirkende Arzneimittel, so wird dieser in eine Grundmasse eingebettet, die meist gleichzeitig als Bindemittel dient. Gleitmittel, z. B. Talk, Lykopodium, Graphit, Stearin, sollen die zu pressenden Mischungen schnell in die Matrize nachlaufen lassen und so für einen ungestörten Gang der Maschine sorgen. Im übrigen sind für das einwandfreie Arbeiten der Tablettenkomprimiermaschinen eine zweckentsprechende Vorbereitung der zu komprimierenden Masse und richtige Einstellung der Druckstärke an der Maschine Grundbedingungen. Für die Wahl der Maschine ist in erster Linie die verlangte Leistung maßgebend. Für größere Leistungen kommen nur vollautomatische Maschinen in Betracht, die mit einem oder mehreren (bis 20) Preßstempeln bis 150 mm Durchmesser und für Stundenleistungen von 2000 bis 120000 Preßlingen hergestellt werden; der Kraftbedarf solcher Maschinen beträgt je nach Größe und Leistung 0,5 bis 15 PS. Bei der großen Mannigfaltigkeit der im Handel befindlichen Maschinen, die für alle möglichen Sonderzwecke hergestellt werden, können nachstehend nur einige Beispiele der gebräuchlichsten Typen erwähnt werden.

Abb. 2089. Tablettenpresse „Kili" (Kilian).

In kleinen Betrieben, aber auch für Versuchszwecke, verwendet man vielfach noch Handtablettenpressen, von denen Abb. 2089 eine Ausführung der Firma Fritz Kilian, Berlin-Hohenschönhausen, zeigt. Die Druckwirkung wird hierbei von einem Handhebel über ein Zahnritzel auf die Zahnstange des Preßstempels übertragen. Die Füllung der Matrize mittels Füllschuhs und der auf die Tabletten auszuübende Druck können auf einer Skala leicht eingestellt und abgelesen werden, so daß eine gleichmäßige Pressung trotz

Abb. 2090.
Komprimiermaschine (Komage).

Abb. 2091. Tabletten-
maschine (Engler).

Handbetriebes leicht eingehalten werden kann. Größere Tablettenkomprimiermaschinen werden vielfach als Exzenterpressen gebaut; so zeigt Abb. 2090 eine einstemplige Ausführung der Komprimiermaschinengesellschaft m. b. H. (Komage), Berlin, deren Aufbau und Wirkungsweise aus der Abbildung ohne weiteres ersichtlich sind. Eine ebenfalls einstemplige Maschine der Firma Karl Engler, Wien, die einige recht praktische Einrichtungen aufweist, zeigt Abb. 2091. So kann das Tablettengewicht durch entsprechende Einstellung des Unterstempels genau reguliert werden, während der Pressendruck bzw. die Härte der Tablette durch Verstellen des Exzenterkopfes geregelt werden kann. Der Unterstempel ist mit einer besonderen Schmierung versehen, durch welche die Reibung in der Matrize verkleinert und deren Lebensdauer erhöht wird. Auf diese Weise lassen sich auch schwer preßbare Stoffe ohne Anwendung von Gleitmitteln zu Tabletten verarbeiten.

Auf der zweistempeligen Maschine der Dührings Patentmaschinengesellschaft, Berlin, können gleichzeitig Tabletten aus zwei verschiedenen Substanzen hergestellt werden (Abb. 2092). Zu diesem Zweck ist der beiden Stempeln gemeinsame Füllkasten in zwei getrennte Behälter unterteilt. Die Abführung der fertigen Tabletten erfolgt über zwei getrennte Gleitrinnen. Die bei anderen Maschinen häufige stoßweise Hin- und Herbewegung des

Abb. 2092. Zwillingskomprimier-
maschine „Ideal" (Dühring).

Füllschiffchens ist hier durch eine langsame Drehbewegung ersetzt, wodurch ein ruhigerer Gang der Maschine erreicht wird. Um auch klebrige Massen komprimieren zu können, sind die Preßstempel abgefedert, so daß der

Pressendruck bis zum Hubende allmählich ansteigt. Härte und Gewicht der Tabletten können ebenfalls nach einer Skala eingestellt werden. — Maschinen mit mehreren Preßstempeln werden meist nach dem Rundlaufsystem oder als Revolverpressen gebaut. So zeigt Abb. 2093 eine nach der ersteren Bauart hergestellte vielstempelige Maschine der Firma Kilian. Je nach der gewünschten Leistung wird diese Maschine mit 3 — 15 Stempeln geliefert und kann, abhängig von der Größe der Tabletten und der Beschaffenheit des zu komprimierenden Stoffes, bis 50000 bzw. bis 120000 Tabletten stündlich herstellen. Der angewendete Pressendruck kann an der Maschine abgelesen und während des Betriebes nachgestellt werden. Die Pressung erfolgt gleichmäßig durch Unter- und Oberstempel. Füllhöhe und Tablettenstärke sind während des Betriebes an einem Handrad einstellbar. Die Füllschuhe sind für granulierte und für nicht granulierte Massen eingerichtet.

Eine von den Exzenterpressen erheblich abweichende Bauart zeigen die Revolverpressen der Firma Hennig & Martin, Leipzig (Abb. 2094). Matrizen, Ober- und Unterstempel sind in einem sich um eine senk-

Abb. 2093. Doppelseitig arbeitende automatische Komprimiermaschine (Kilian).

rechte Achse drehenden Körper eingebaut. Die Bewegung der Preßstempel wird durch Kurvenbahnen gesteuert. Die Matrizen passieren nacheinander den mit einem Rührwerk versehenen Füllapparat, worauf sich der Oberstempel langsam auf die Matrize senkt und ihren Inhalt zunächst durch sein Eigengewicht zusammendrückt. Gleichzeitig kommt der Unterstempel nach oben, so daß beide Stempel das Material vorpressen. Nachdem beide Stempel den höchsten Druck erreicht haben, erfolgt eine Pause, in der die etwa im Preßling noch enthaltene Luft entweichen kann. Nunmehr erfolgt eine zweite Pressung, worauf der Preßling langsam aus der Matrize geschoben wird. Während des restlichen Rundganges der Stempel werden diese selbsttätig gereinigt, worauf das Spiel von neuem beginnt. — Eine der leistungsfähigsten Tablettenkomprimiermaschinen ist die ebenfalls als Revolverpresse gebaute Rundlauftablettenmaschine von Kilian

(Abb. 2095), auf der bis 60 000 Tabletten stündlich hergestellt werden können. Die Maschine hat 20 Stempel für Tabletten bis 24 mm Durchmesser. Das Preßgut wird ebenfalls vor der eigentlichen Pressung zunächst vorverdichtet, damit die darin befindliche Luft entweichen kann. Pressendruck und Tablettengewicht sind während des Gangs der Maschine einstellbar. Für Stoffe, die Neigung zum Anhaften an Stempeln und Matrizen haben, kann eine doppelseitige Bestreuvorrichtung vorgesehen werden. Ebenso können selbsttätig wirkende Stempelrei-

Abb. 2094.

Revolverpresse

(Hennig & Martin).

Abb. 2095. Rundlauf-Tablettenmaschine „Doppelpresser" (Kilian).

nigungsvorrichtungen angebracht werden. Während des Pressens verstreutes Material wird in besonderen Auffangrinnen gesammelt und kann weiter verwertet werden.

Stoffe, die sich nicht granulieren lassen, werden häufig in einem ersten Arbeitsgang brikettiert. Hierzu wird vielfach die in Abb. 2096 dargestellte Maschine von Kilian benutzt, die 10- oder 15-stempelig für Preßlinge bis 150 mm Durchmesser mit einer Stundenleistung bis zu 5000 Preßlingen hergestellt wird. Das von der Maschine kommende Preßgut wird wieder gemahlen und im gekörnten Zustand auf kleineren Maschinen endgültig komprimiert.

Lit.: *G. Arends* und *J. Arends*, Die Tablettenfabrikation und ihre maschinellen Hilfsmittel (4. Aufl., Berlin 1938, Julius Springer).

Moser.

Abb. 2096. Automatische Tabletten-Komprimier- und Brikettiermaschine (Kilian).

Talk, s. Bausteine.

Tanks, s. Behälter.

Tantal gehörte noch vor 20 Jahren zu den Metallen, die meist nur als
Schaustücke in Sammlungen zu sehen waren. Heute werden in Deutschland
etwa drei Viertel aller Zellwolle-Spinndüsen aus Tantal hergestellt. In Amerika
werden Autoklaven und Säuretürme mit dünnen Tantalblechen ausgekleidet
(Industrial Bulletin vom Oktober 1930). Es ist also gelungen, die Herstellung
des Metalles in wirtschaftliche Bahnen zu lenken und durch geeignete Metho-
den reines Tantal herzustellen. Letzteres ist äußerst wichtig, da schon geringe
Verunreinigungen die physikalischen Eigenschaften sehr ungünstig beeinflussen.

Physikalische Eigenschaften.

Dichte: 16,6.
Schmelzpunkt: etwa 2850°.
Wärmeleitvermögen: 0,13 cal/cm · sek · Grad (17 — 100°).

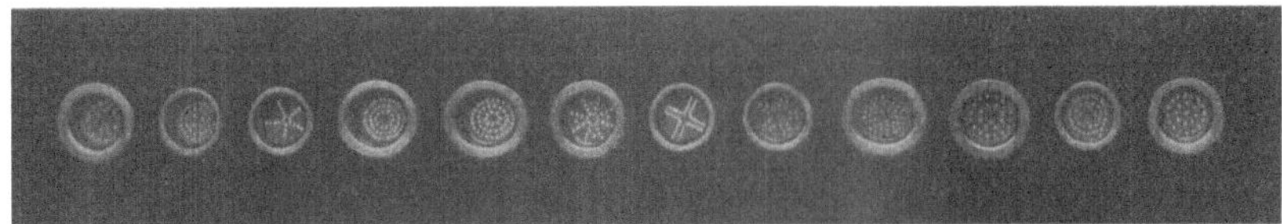

Abb. 2097. Spinndüsen aus Tantal (Werkphoto Siemens).

Spez. Wärme: 0,035.
Mittlerer Ausdehnungskoeffizient:
$6,6 \times 10^{-6}$ (20—500°).
Spez. elektrischer Widerstand:
$1,55 \times 10^{-5} \ \Omega/cm^3$.
Zerreißfestigkeit: 35—120 kg/mm².
Das reine Metall (99,9 Proz.) ist sehr dehnbar und läßt sich gut walzen, hämmern, ziehen und bohren. Es besitzt gewöhnlich die Härte eines mittelharten Stahles, läßt sich aber auch in Kupferhärte herstellen. Unter besonderen Vorsichtsmaßnahmen kann Tantal auch geschweißt werden. Die Schweißung erfolgt mit Hilfe des elektrischen Lichtbogens unter Ausschluß von Luft im Tetrachlorkohlenstoffbad (s. dazu Chem. Apparatur 1935, Beil. Korr., S. 34). Lötbar ist Tantal nicht. Gebräuchliche Formen von Halbzeug sind Bleche von 0,08—0,2 mm Dicke bei 100 mm Breite und nahtlose Rohre mit Mantelstärke 0,5—2,0 mm, Länge bis zu 3 m und Durchmesser 10—38 mm (Werbeschrift der Siemens & Halske A.-G., Wernerwerk, Berlin) sowie Drähte mit Durchmesser 0,1–40 mm. Die für die Spinndüsen notwendige Feinstbearbeitung ist bei Tantal gut möglich, so daß Düsen hergestellt werden können, die 5000 gratfreie Löcher (bei einer Toleranz der Düsenlöcher von $\pm^1/_{1000}$ mm) haben (s. auch Abb. 2097, 2098).

Korrosion.

Über die meist ausgezeichnete Korrosionsbeständigkeit des Tantals geben die nachstehenden Tabellen Auskunft.

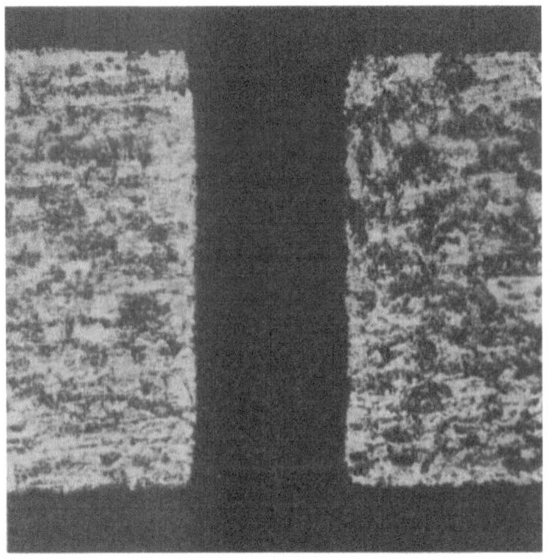

Abb. 2098. Vergrößerung einer zylindrischen Bohrung einer Spinndüse (Werkphoto Eilfeld, Gröbzig).

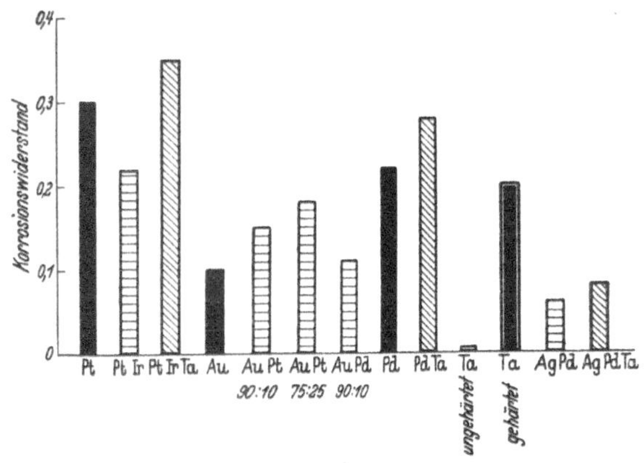

Abb. 2099. Relativer Korrosionswiderstand von Düsenmetallen im Schwefelsäure - Spinnbad (160 g H_2SO_4 vom spez. Gewicht 1,34 + 320 g Na_2SO_4 im Liter H_2O) (Werkphoto Eilfeld, Gröbzig).

Angriff von Blechen (30×40×0,3 mm)

in 24 std (nach *Fettkenheuer*).

| Angreifendes Agens | Temperatur | Tantalgewicht | | Angreifendes Agens | Temperatur | Tantalgewicht | |
	Grad	vor dem Versuch	nach dem Versuch		Grad	vor dem Versuch	nach dem Versuch
$\frac{2}{n}$ KOH	20	0,9592	0,9586	$\frac{2}{n}$ HCl	20	1,0246	1,0246
$\frac{2}{n}$ KOH	100	0,8182	0,8158	$\frac{2}{n}$ HCl	100	1,1580	1,1580
50 proz. KOH . . .	20	1,1268	1,1200	konz. HCl.	20	1,1891	1,1891
50 proz. KOH . . .	100	0,8748	0,4722	konz. HCl.	100	0,7529	0,7529
Königswasser . . .	20	0,8188	0,8200	$\frac{2}{n}$ HNO$_3$	20	1,1236	1,1236
Königswasser . . .	100	1,0588	1,0600	$\frac{2}{n}$ HNO$_3$	100	1,1716	1,1726
Bromwasser gesättigte Lösung	20	1,1700	1,1700	konz. HNO$_3$ . . .	20	1,2530	1,2544
Bromwasser gesättigte Lösung	100	0,8722	0,8722	konz. HNO$_3$	100	0,7100	0,7112
Chromschwefels. gesättigte Lösung	20	0,7576	0,7576	$\frac{2}{n}$ H$_2$SO$_4$	20	1,1900	1,1900
Chromschwefels. gesättigte Lösung	100	0,7960	0,7960	$\frac{2}{n}$ H$_2$SO$_4$	100	1,1520	1,1520
Perchlorsäure 70 proz.	20	0,7100	0,7100	konz. H$_2$SO$_4$. . . .	20	0,7884	0,7884
Perchlorsäure 70 proz.	100	0,7204	0,7204	konz. H$_2$SO$_4$. . . .	100	0,9920	0,9920
Fluorwasserstoffsäure 10 proz. .	20	0,9374	0,7365	konz. H$_2$SO$_4$. . . .	200	1,1730	0,1024
Fluorwasserstoffsäure 10 proz. .	100	0,8534	0,6125	konz. H$_2$SO$_4$. . . .	300	1,2300	1,1005
				konz. Essigsäure . .	20	1,0872	1,0872
				konz. Essigsäure . .	100	1,0911	1,0911
Fluorwasserstoffsäure 30 proz. .	20	0,8937	0,3210	Ammoniak 13 proz.	20	1,1850	1,1841
				Ammoniak 13 proz.	100	0,9344	0,9336
				Ammoniak 13 proz.	20	1,0256	1,0250
Fluorwasserstoffsäure 30 proz. .	100	0,9576	0,0375	Ammoniak 13 proz.	100	1,0250	1,0222

Angreifbarkeit in Salzschmelzen.

Schmelze	Beobachtungen
Na$_2$CO$_3$	Während des Schmelzens traten Flammenerscheinungen auf, die mit einem knatternden Geräusche verbunden waren. Das Metall war völlig gelöst.
NaKCO$_3$.	Verhält sich wie Na$_2$CO$_3$.
Na$_2$CO$_3$ + NaNO$_3$ . . .	Hierbei traten Flammenerscheinungen nicht mehr auf. Das Metall war auch hierbei völlig aufgelöst.
Na$_2$B$_4$O$_7$.	Die Struktur des Bleches blieb erhalten; beim Lösen trat sofortiger Zerfall ein.
KOH	Das Blech löst sich unter heftigem Aufschäumen völlig auf.
Na$_2$O$_2$	Einwirkung gelinder als bei KOH, zum größten Teil aufgelöst.
Na$_2$CO$_3$ + S	Einwirkung etwas schwächer als bei Na$_2$O$_2$.

Einwirkung von Gasen.

Angreifendes Agens	Beginnende Einwirkung	Allmähliche Zerstörung	Schneller Zerfall
In Luft	bei 300°	bei 500°	bei 600°
In N_2, trocken (O_2-frei)	bei 5—600°	bei 800°	—
In N_2, feucht (O_2-frei)	bei 500°	bei 5—600°	bei 600°
In H_2O-Dampf, überhitzt. . . .	bei 400°	bei 4—500°	bei 600°
In H_2, trocken	bei 400°	bei 500°	—
In CO, trocken (O_2-frei)	bei 400°	bei 4—500°	bei 500°
In Cl (O_2-frei).	bei 300°	bei 300°	bei 300°

Tantal nimmt bei gewöhnlicher Temperatur sehr erhebliche Mengen Wasserstoff auf und wird dadurch sehr spröde; dies ist bei Benutzung als Elektrodenwerkstoff zu beachten.

Die gute Beständigkeit von Tantal gegen Salzsäure ermöglicht seine Verwendung als Werkstoff für Heizkerzen zum Erhitzen von konzentrierter Salzsäure, die mit Dampf mit 10—20 at beschickt werden (s. Abb. 2100).

Abb. 2100. Heizkerze aus Tanta (Werkphoto Siemens).

Lit.: *F. Heinrich* u. *F. Petzold*, Chem. Fabrik 1928, S. 689. — *S. Ganswindt* u. *K. Matthies*, Chem. Fabrik 1931, S. 283; 1933, S. 521. — Siemens & Halske A.-G., Berlin, Druckschriften: Das Tantal und seine Verwendung in der Industrie; Das Tantal als Werkstoff. — Friedrich Eilfeld, Gröbzig (Anhalt), Druckschrift: Feinbohrung. — Chem. Apparatur 1929, Beil. Korr., S. 43. — Chem. Apparatur 1934, S. 5. — Chem. Apparatur 1935, Beil. Korr., S. 34. – Werkstätten f. Präzisionsmechanik G. m. b. H., Berlin, DRP. 617790. — *E. Rabald*, Werkstoffe und Korrosion (Berlin 1931, Julius Springer); Dechema-Werkstoffblätter 1935—39 (Berlin, Verlag Chemie); Chem. Fabrik 1938, S. 293. — *C. H. Jones*, Chem. metallurg. Engng. 1929, S. 551. — *W. Rohn*, Z. Metallkde. 1926, S. 387.

Rabald.

Tantallegierungen werden als Werkstoff für Spinndüsen benutzt; s. Tantal.

Ra.

Tantiron, s. Ferrosilicium.

Taschenfilter, s. Stoffgasfilter.

Tauchbrenner (Unterwasserbrenner). Wiederholt wurde versucht, Wasser oder wäßrige Lösungen mit unmittelbarer Wärmeübertragung durch eine in der Flüssigkeit brennende Gas- oder Ölflamme zu erhitzen oder zu verdampfen (s. auch Feuerungsanlagen, S. 474). Die früher entwickelten Brenner hatten jedoch keine Verbreitung gefunden, was vorwiegend wohl an den Explosionsgefahren lag. Ein Tauchbrenner muß eine möglichst kurze Flamme entwickeln, damit die Gase oder die Heizöltropfen in kleinem Raum restlos ausbrennen können, bevor sie in die Flüssigkeit gelangen. Hierzu muß Brenngas oder Heizöl und Verbrennungsluft vor der Zündung in sich gut gemischt werden. Die Brennermündung muß so ausgebildet sein, daß viele kleine Flammen entstehen. Die Strömungsgeschwindigkeit des Gas-Luft-Gemisches in den Austrittsöffnungen des Brenners muß größer sein als die Zündgeschwindigkeit. Zur Verbrennung muß eine genügend große Tauchglocke vorgesehen werden, aus der die heißen Abgase in die Flüssigkeit treten. Die Explosionsgefahr durch Zurückschlagen der Flamme muß durch eine geeignete Ausbildung der Brennermündung verhütet werden.

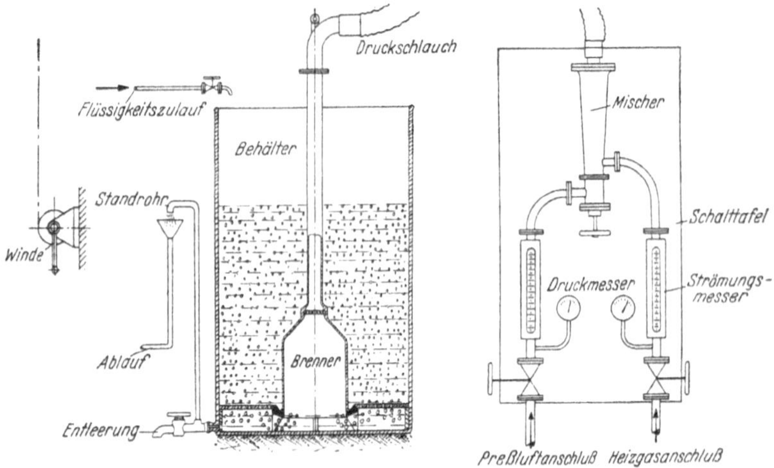

Abb. 2101. Tauchbrenneranlage (Silesia).

Eine vollständige Tauchbrenneranlage, bei der diese Forderungen erfüllt sind, zeigt Abb. 2101 (Silesia, Saarau). Das zu verbrennende Gas wird in einem Mischer mit der Verbrennungsluft außerhalb des Brenners gemischt und diesem dann über einen porösen Brennerstein zugeführt, der als Explosionssicherung (s. d.) dient. Das Gas brennt innerhalb einer Taucherglocke, wird durch einen gelochten Boden in zahlreiche Blasen aufgeteilt und tritt dann in die Flüssigkeitsschicht. Damit ist ein guter Wärmeübergang auf die Flüssigkeit gesichert. Die Tauchglocke kann aus jedem geeigneten Werkstoff hergestellt werden, z. B. auch aus Weichblei, weil die Wärme durch die umgebende Flüssigkeit schnell abgeleitet wird. Der Brenner kann daher auch zum Erwärmen von Säuren und Laugen, die Blei als Werkstoff zum Aufbau der Apparatur erforderlich machen, benutzt werden, wenn das Hindurchströmen der Verbrennungsgase diese nicht schädlich beeinflußt. Mit Hilfe von Tauchbrennern dieser Bauart lassen sich Flüssigkeiten auch mit geringeren Siedetemperaturen eindampfen, als dem über der Flüssigkeitsoberfläche vorhandenen Druck entspricht. Der Tauchbrennerwirkungsgrad beträgt nach Angaben von *Narten* 80—92 Prozent.

Lit.: *G. Narten*, Tauch- und Unterwasserbrenner (Chem. Fabrik 1939, S. 74).

Th.

Tauchtrockner, s. Walzentrockner.

Teer, s. Schutzüberzüge.

Teerabscheider *(s. auch Elektrofilter, Schleuderwascher, Stoßreiniger).*
Zur Ausscheidung des Teers aus Steinkohlengas wird auch heute noch fast
stets der Teerscheider von *Pelouze* (s. Stoßreiniger) verwendet, bei dem das
Gas in fein zerteiltem Zustand mit großer Geschwindigkeit gegen Prallflächen
geführt wird, an denen es die in Nebelform im Gas verteilten Teertröpfchen
abgibt; das Gas muß zu diesem Zweck auf etwa 18—30° heruntergekühlt
werden. Dagegen wird bei den direkten Ammoniakgewinnungsverfahren durch

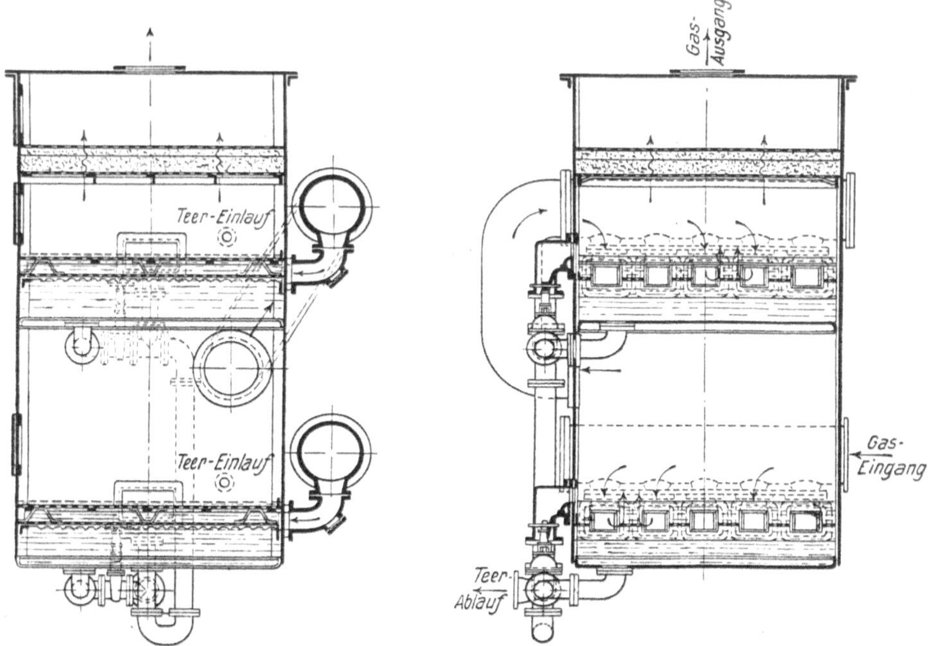

Abb. 2102. Heißteerwascher (Bamag).

Waschen des warmen Gases mit Schwefelsäure der Teer vielfach heiß aus dem
Gas ausgeschieden. Die Ausscheidung geschieht dabei in der Regel durch
Waschen des Gases mit Teer oder Teerwasser. Abb. 2102 zeigt einen Heiß-
Teerwascher der Bamag-Meguin A.-G., Berlin, bei dem der Teer aus dem
Gase durch Hindurchleiten durch ein Teerbad vermöge der Aufnahmefähig-
keit des Waschteers für Teer und durch Oberflächenwirkung entfernt wird.
Der Apparat, dem das heiße, vom Ofen kommende Gas zugeführt wird,
besteht aus zwei übereinander angeordneten Waschtöpfen, durch die das
Gas nacheinander hindurchgeleitet wird. Die Waschflüssigkeit, Teer, er-
neuert sich ständig von selbst; der überschüssige Teer läuft durch einen
Siphon ab.

Mo.

Teilvorrichtungen (Teilmaschinen, Zuteilvorrichtungen; *s. auch Dosiermaschinen*) dienen dazu, feste Stoffe von körniger oder mehliger Beschaffenheit bestimmten Verarbeitungsvorrichtungen, insbesondere Mischmaschinen, Reaktionsapparaten oder Öfen, in zeitlich gleichbleibenden Mengen zuzuführen. Sie arbeiten in der Regel nach Raummaß. Die Zuteilung nach Raummaß bedingt, daß die zuzuführenden Mengen kleine Fehler aufweisen, je nach den Verschiedenheiten, die im Schüttgewicht infolge der verschiedenen Größe der Hohlräume auftreten. Über die nach Gewicht zuteilenden Vorrichtungen s. Dosiermaschinen. Einfache Vorrichtungen, die lediglich einer Maschine, z. B. einer Zerkleinerungsmaschine oder einer Siebvorrichtung, das von ihr zu verarbeitende Gut in angenähert regelmäßigen Mengen zuführen und diese vorwiegend nach oben begrenzen sollen, bezeichnet man meist nicht als Teilvorrichtungen, sondern als Aufgabe- oder Speisevorrichtungen (s. d.) oder als Speiser.

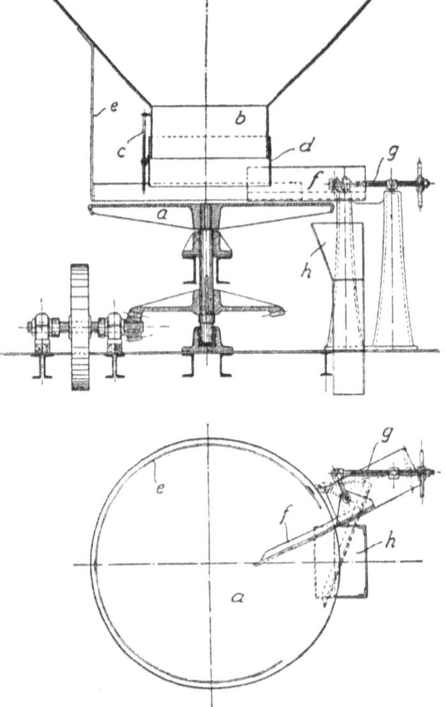

Abb. 2103. Drehtellerteilvorrichtung.

Teilvorrichtungen werden in der Regel unmittelbar unter den Ausläufen von Bunkern (s. d.) oder von Silozellen (s. Silos) angeordnet. Die Flächen, auf denen das Gut in die Teilvorrichtung rutscht, sind dabei möglichst steil und mit glatter Oberfläche anzulegen. Die Verbindung mit dem Bunker oder Siloauslauf ist so auszuführen, daß die Teilvorrichtung durch das Gewicht des Bunkers oder Silos nicht belastet wird. Wird sie auf ein besonderes Gestell gesetzt, so wird der Aufgabetrichter der Teilvorrichtung in der Regel in elastischer Weise, z. B. durch eine Leder- oder eine Stoffmanschette, mit dem Bunkerauslauf verbunden. Besonders bei kleinen Leistungen werden die Teilvorrichtungen auch unmittelbar an den Bunkerauslauf gehängt. Damit sich das Gut in den Zulaufbehältern nicht staut, werden in diesen bisweilen Rührwerkzeuge oder an ihren Wänden Schwingvorrichtungen angeordnet. Um Stauungen mit Stangen beseitigen zu können, sind in den Bunkerausläufen Öffnungen vorgesehen, die im Betrieb mit Deckeln verschlossen sind. Die einzelnen Bunker werden mit den zugehörigen Teilvorrichtungen meist nebeneinander in einer Reihe angeordnet. Die Teilvorrichtungen werfen das Gut dann in eine gemeinsame Schnecke oder auf ein Förderband.

Man unterscheidet Teilvorrichtungen mit sich drehenden Teilern und Teilvorrichtungen mit hin- und hergehenden Elementen. Die zuletzt genannten Vorrichtungen werden jedoch meist als Speiser oder Aufgabevorrichtungen verwendet. Außerdem gibt es noch schneidende Teilvorrichtungen, die teilweise den Schneidmaschinen (s. d.) zuzurechnen sind.

Die Teilvorrichtungen mit d r e h e n d e m Teiler arbeiten entweder mit einem runden Teller, der sich um eine senkrecht oder schräggestellte Achse dreht, oder mit einer Walze, einer Trommel oder mit einem Zellenrad.

Eine einfache Teilvorrichtung mit D r e h t e l l e r (Tellerzuteiler) ist in Abb. 2103 dargestellt. Das Gut fällt aus dem Auslaufstutzen b des Vorratsbehälters auf den Drehteller a, der den Druck des Gutes aufnimmt und über eine senkrechte Welle auf ein Spurlager überträgt. Der freie Querschnitt zwischen Auslauf und Drehteller kann durch den Ringschieber d, der mit Hilfe der Schraubspindeln c

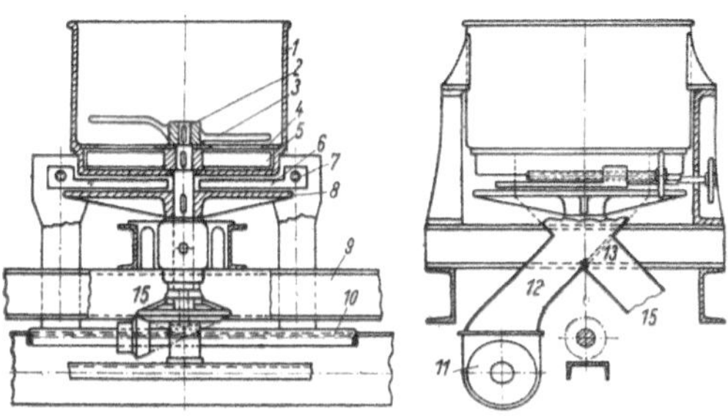

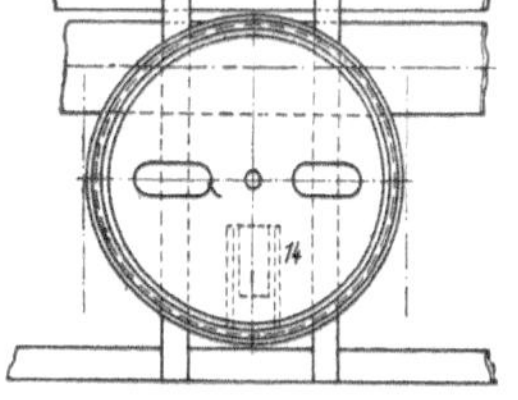

Abb. 2104. Teilmaschine mit Drehteller.

Abb. 2105. Teilvorrichtung mit Drehteller (Krupp-Gruson).

in der Höhe verstellbar angeordnet ist, vergrößert oder verkleinert werden. Damit das Gut an keiner Stelle von dem Drehteller abfallen kann, ist über den Kanten ein Blechmantel e vorgesehen, der an der Abwurfstelle offen ist. Der Abstreifer f erfaßt das im Böschungswinkel unter dem Ringschieber d austretende Gut und wirft es in den Austragtrichter h. Der um eine senkrechte Achse drehbar angeordnete Abstreifer f wird durch die mit Handrad versehene Spindel g nach Bedarf eingestellt, so daß er mehr oder weniger tief in das aus dem Auslauf b in Form eines Schüttkegels austretende Gut eindringt und größere oder kleinere Mengen abstreift. Bei dieser Vorrichtung sind demnach zwei Einstellvorrichtungen vorhanden, nämlich der Ringschieber d zur Grobeinstellung und der Abstreifer f zur Feineinstellung. Außerdem besteht noch die Möglichkeit, die Drehzahl des Tellers a zu verstellen. Bei einfachen Vorrichtungen wird bisweilen auf die Einstellbarkeit des Bunker- oder Siloauslaufs durch einen Ringschieber verzichtet. Die abzuwerfenden Mengen werden dann lediglich durch Verstellen des Schiebers f geregelt. Abb. 2103 zeigt einen Tellerzuteiler in stehender Ausführung. Daneben werden solche Geräte für kleinere Leistungen auch in hängender Bauart verwendet, wenn sie unmittelbar an dem Silo- oder Bunkerauslauf befestigt werden sollen. Der Drehteller wird bisweilen auch schräg angeordnet.

Eine Maschine, die ebenfalls mehrere hintereinandergeschaltete Elemente zur Zuteilung des Gutes enthält, ist auf Abb. 2104 schematisch dargestellt. Über der eigentlichen Teilvorrichtung befindet sich ein Trichter, in den das Gut aus dem darüberliegenden Bunker fällt. Von dort gelangt das Gut in das Zulaufgefäß *1*, das auf den Trägern *9* aufgebaut und unten durch einen mit zwei Öffnungen versehenen Vorteller *4* abgeschlossen ist. Zur Bewegung der sich drehenden Teile dient eine senkrechte Welle *2*, die durch einen Kegelrädertrieb von einer Welle *10* angetrieben wird; diese treibt meist mehrere nebeneinander in einer Reihe angeordnete Teilvorrichtungen gemeinsam an. In dem Gefäß *1* läuft das Rührwerkzeug *3* um, das sich bildende Klumpen zerstören und das Nachfallen des Gutes sichern soll. Unter dem Vorteller *4* dreht sich das Sternrad *5*. Dieses bringt das Gut in eine Ausfallöffnung, die im Boden des Gefäßes *1* ausgespart ist und mit einem einstellbaren Schieber *14* abgeschlossen werden kann. Durch diese Öffnung gelangt das Gut auf den Drehteller *8*, von dem es die durch Spindeln *7* verstellbaren Abstreifer *6* in zwei beiderseits der Maschine liegende Hosenrohre abwerfen.

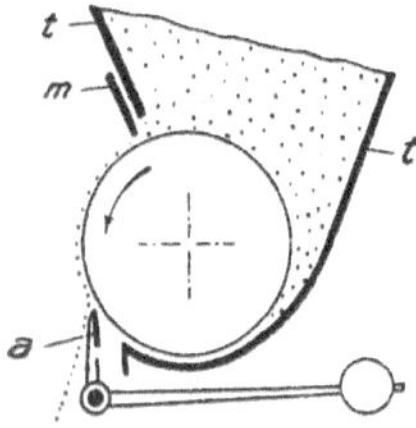

Abb. 2106. Trommelteilvorrichtung.

Von dort rutscht es durch das Rohr *12* in die Schnecke *11*. Zur Prüfung können die zugeteilten Mengen durch Umstellen der Klappe *13* in das Rohr *15* geleitet werden. — Eine Teilvorrichtung dieser Art, die auf einer gegossenen Grundplatte aufgebaut ist (Krupp Gruson-Werk A.-G., Magdeburg), zeigt Abb. 2105.

Eine Zuteilvorrichtung, die mit einer Trommel arbeitet und die sich auch für feuchte Stoffe eignet, ist schematisch auf Abb. 2106 dargestellt. Während sich die Trommel in der Pfeilrichtung dreht, läßt ein Blechschieber *m* entsprechend seiner Einstellung nur eine bestimmte Gutmenge in der Zeiteinheit aus dem zwischen Schaberunterkante und Walze oder Trommel gebildeten Spalt hindurchtreten. Der Schaber *a* streift anklebendes Gut ab. Ein Gehäuse *t* umschließt die ganze Vorrichtung.

Abb. 2107. Teilmaschinen mit Trommel (Krupp-Gruson).

Die Ansicht einer Zuteilmaschine dieser Bauart (Krupp Gruson-Werk A.-G.) zeigt Abb. 2107. Eine solche Maschine leistet, bezogen auf 1 cm Trommelbreite, etwa 125 l in der Stunde. Der Kraftbedarf beträgt für Trommeln von 500 bis 600 mm Durchmesser und Breiten der Teiltrommel von 220 bis 440 mm etwa 0,5 bis 1,0 PS.

Eine Vorrichtung, die den Übergang zu den Zellenradteilern bildet und nur für körnige Stoffe brauchbar ist, ist schematisch auf Abb. 2108 dargestellt. Das Gut gelangt aus dem Auslauf *a*, dessen Öffnung durch den Schieber *c* geregelt werden kann, über den Boden *b* an die mit Leisten versehene Trommel d, die das Gut erfaßt und zum Austrag e bringt. Zellenräder und Zellenwalzen eignen sich, von Sonderausführungen abgesehen, nur für trockene, körnige oder mehlige Stoffe. Sie lasen sich nur durch Ändern der Drehzahl regeln. In dem auf Abb. 2109 dargestellten Zellenradteiler gelangt das Gut aus dem Trichter t in die Meßwalze w, die sich zwischen dem Abschlußstück c und dem unteren Teil des Gehäuses d dreht.

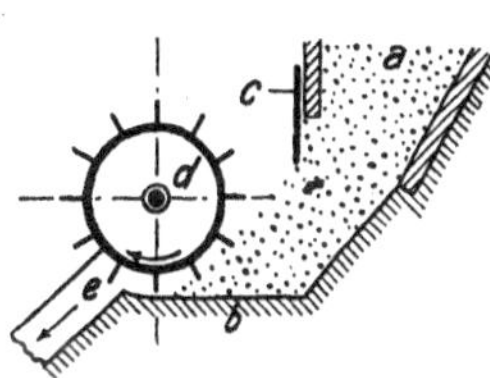

Abb. 2108. Schaufelrad mit freiem Zulauf des Gutes.

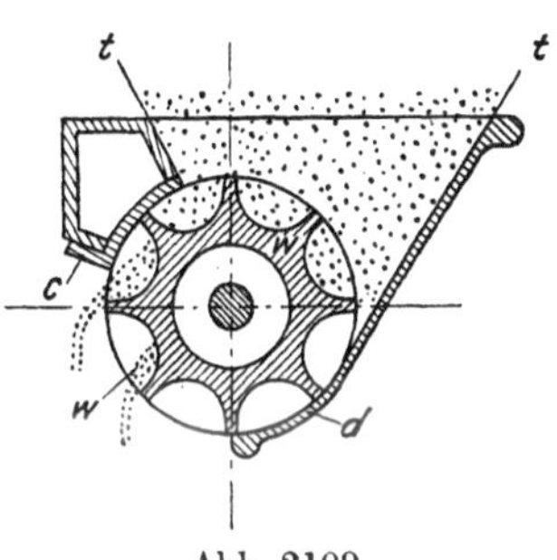

Abb. 2109.
Zellenradteilvorrichtung.

Zellenräder dieser Art lassen sich auch für bakkende oder klebende Stoffe verwenden, wenn das Rad z. B. durch ein Malteserkreuz absatzweise angetrieben wird. Während jedes Stillstandes streift dann ein Schaber das noch anhaftende Gut von der zylindrisch gestalteten Oberfläche des Zellenrades ab.

Bei dem auf Abb. 2110 dargestellten Zellenzuteiler (G. Polysius A.-G., Dessau) dreht sich in dem unteren, zylinderförmigen Gehäuse das Zellenrad a, das über Kette und Kettenrad von einem Motor mit Drehzahlminderer angetrieben wird. Mit der Zellenradwelle sind die Rührwerkswellen b verbunden, die mit mehreren auswechselbaren Armen versehen sind. Im oberen Gehäuseteil, der am Silo- oder Bunkerauslauf befestigt wird, ist ein Klappenverschluß c eingebaut, der von außen durch ein Handrad betätigt wird. Die Zellenwände sind hier aus zusammengelegten Federstahlblechen gebildet, so daß ein dichter Abschluß der einzelnen Zellen gegeneinander gewährleistet ist. Auch hier wird die zuzuteilende Menge durch Regeln der Drehzahl verstellt.

Eine weniger genaue Zuteilung ergeben die Schnecken. Ein Ausführungsbeispiel zeigt Abb. 2111. Meist verwendet man zwei oder mehr dicht nebeneinanderliegende Schnecken (s. Dosiermaschinen).

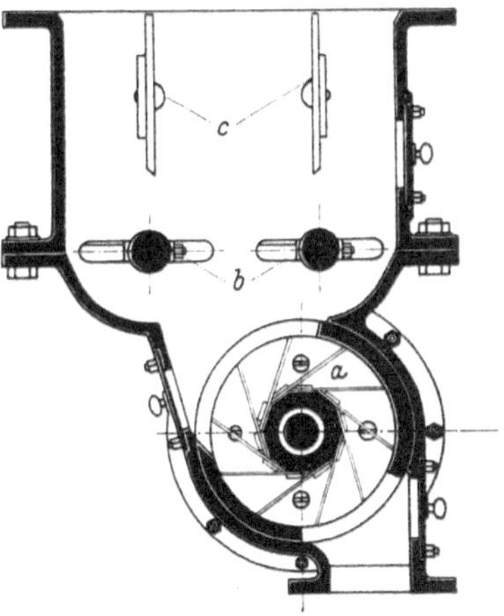

Abb. 2110.
Zellenzuteiler (Polysius).

Die Vorrichtungen mit hin- und hergehenden Elementen werden, wie oben erwähnt, selten als Teilvorrichtungen, sondern mehr als Speise- und Aufgabevorrichtungen verwendet. Je nach der Art der hin- und hergehenden Zufuhrvorrichtung unterscheidet man Schubwagen-, Schüttel-, Pendel- und Stoßschuhspeiser. Zum Zuteilen eignet sich von diesen Vorrichtungen der Pendelspeiser. Bei dieser Vorrichtung bewegt sich eine mit Kurbelgetriebe bewegte Schwinge in einem staubdichten Gehäuse pendelnd auf und ab.

Über der Schwinge befindet sich ein Zulauftrichter, dessen Öffnungsquerschnitt mit einem Schieber verstellt werden kann. Außerdem kann die Leistung durch Einregeln des Kurbeltriebes bzw. des Ausschlages der Schwinge geändert werden.

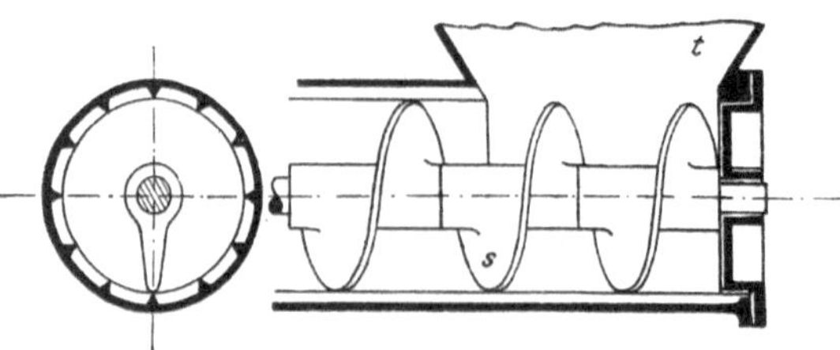

Abb. 2111. Schnecke. s = Schnecke, t = Zulauftrichter.

Feuchtes oder teigiges oder plastisches Gut wird durch Schneiden zugeteilt (s. auch Schneidmaschinen). Dabei stechen bandförmige Messer Teile mit dem gewünschten Rauminhalt aus einem flachen Kuchen heraus, der durch Pressen oder Walzen oder Ausbreiten mit Schabern erzeugt wird. Die Messer können von unten durch Schlitze in das zwischen zwei Platten gehaltene Gut treten. Nach diesem Verfahren arbeiten die sog. Teigteilmaschinen. Andere Vorrichtungen stechen das auf einem Teller ausgebreitete Gut mit Bandmessern, die eine in sich geschlossene Form haben, von oben aus und bringen die ausgeschnittenen Stücke auf einen Ablegetisch. Solche Vorrichtungen dienen z. B. zum Abteilen von Sprengstoffmassen zur Herstellung von Sprengstoffpatronen.

Über Vorrichtungen zum Füllen von Säcken s. Sackfüller.

Lit.: *H. Fischer* u. *A. Nachtweh*, Mischen, Rühren, Kneten (2. Aufl., Leipzig 1923, Spamer). Thormann.

Tekton, s. Steinholz.

Tellertrockner. Das Trocknen feinkörniger, wasserhaltiger Stoffe läßt sich dadurch beschleunigen, daß das Gut während der Trocknung regelmäßig gewendet wird. Dieser Vorgang wird entweder durch Umwälzen in einer Trommel mit Hilfe der Trommeltrockner (s. d.) oder auch durch ständiges Umschaufeln ausgeführt. Die Tellertrockner benutzen für diesen Zweck kreisende Rühr- oder Schaufelwerke, die sich um eine senkrechte Achse drehen. Das zu trocknende Gut wird auf einem runden ebenen Teller ausgebreitet und von den Schaufeln oder Rührwerkzeugen ständig fortbewegt und dabei gewendet. Der Teller wird in der Regel mit Dampf, in Einzelfällen auch durch Heißwasser oder Feuergase beheizt, so daß die zur Erwärmung des nassen Gutes und zur Verdampfung des Wassers notwendige Wärme mittelbar durch die Wandung des Tellers übertragen wird. Neben diesen Bauarten gibt es auch Trockner ohne Tellerbeheizung, die als reine Lufttrockner arbeiten, wobei lediglich erwärmte Luft über die Oberflächen des Gutes geleitet wird.

Tellertrockner werden entweder nur mit einer Platte für absatzweisen Betrieb oder für stetigen Betrieb mit mehreren übereinander angeordneten Tellern ausgeführt. Dabei wird das Gut von oben nach unten nacheinander in wechselnder Richtung über die einzelnen Tellerflächen durch die Schaufeln bewegt. Hierzu sind in den einzelnen Tellern abwechselnd in der Mitte und am Ende Durchfallöffnungen angeordnet, durch die das Gut auf den jeweils tiefer gelegenen Teller gelangt. Die Aufteilung in einzelne Platten hat den Vorteil, daß der Trockenvorgang gut beobachtet werden kann.

Tellertrockner eignen sich weniger zum Trocknen von scharfkantigem, hartem Gut, da die Telleroberfläche und die Schaufeln in diesem Fall durch mechanischen Verschleiß leiden. In solchen Fällen muß die obere Platte des Tellers aus besonders harten Werkstoffen oder mit größeren Wandstärken hergestellt werden. Der Kraftbedarf ist meist höher als bei Röhren- (s. d.) oder Trommeltrocknern von gleicher Leistung.

Die Leistung eines Tellertrockners liegt bei wenig feuchten Stoffen etwa zwischen 0,6 bis 2 kg Wasserauftrocknung/m²·std. Bei sehr nassem Gut lassen sich Leistungen bis 8 kg/m²·std erzielen. Die Leistung je Flächeneinheit sinkt, wenn sich infolge der Eigenschaften des jeweiligen Guts auf den Telleroberflächen Krusten ansetzen. In solchen Fällen müssen diese von Zeit zu Zeit gereinigt werden. Derartige Arbeiten sind bei den Trocknern mit nur einem Teller sehr leicht, bei den Apparaten mit mehreren Tellern jedoch schwierig auszuführen.

Einen absatzweise arbeitenden Tellertrockner mit dampfbeheizter gußeiserner Trockenplatte für kleine Leistungen zeigt Abb. 2112 (Maschinenfabrik Friedrich Haas, Lennep). Der

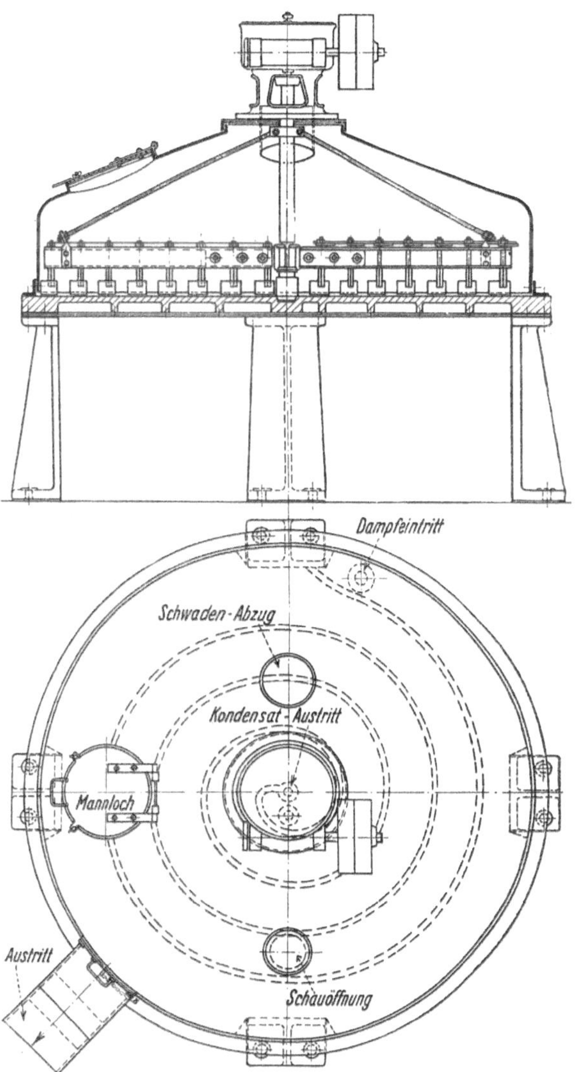

Abb. 2112. Tellertrockner (Haas).

Heizdampf wird durch einen Anschluß, der in der Nähe des Plattenrandes angeordnet ist, von unten in die Heizkammer geleitet und durch spiralartig angeordnete Rippen nach innen geführt, wo sich der Kondensataustritt befindet. Dadurch wird die gesamte Oberfläche des Tellers gleichmäßig beheizt, und es wird verhindert, daß sich nichtkondensierbare Gase an einer Stelle ansammeln und den Wärmeübergang vermindern können. Die Welle, die das Schaufelwerk trägt, wird von oben über ein Schneckenrad angetrieben. Eine Haube deckt den Teller ab und leitet die entstehenden Wrasen zu einem Abzug. Durch Öffnen einer seitlichen Klappe wird das Gut entleert, wenn es den gewünschten Trockengrad erreicht hat. — Der ebenfalls absatzweise arbeitende Tellertrockner nach Abb. 2113 ist ähnlich gebaut, arbeitet jedoch mit Frederking-Beheizung (s. auch Frederking-apparate).

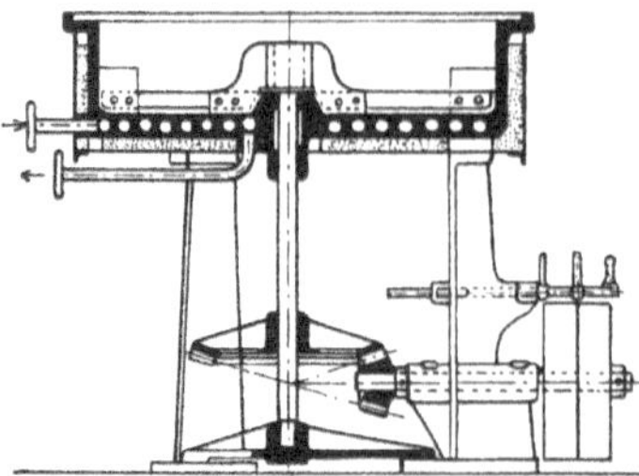

Abb. 2113. Tellertrockner mit Frederking-Beheizung.

Zum Trocknen von Asphalt und ähnlichen Straßenbaustoffen werden einfache Tellertrockner mit Durchmessern bis zu 10 m verwendet, die mit Feuergasen beheizt werden. Hierzu ist seitlich eine Rostfeuerung angeordnet. Durch breite Kanäle, die unter dem Boden des Tellers angeordnet sind, ziehen die Feuergase zu einem Schornstein.

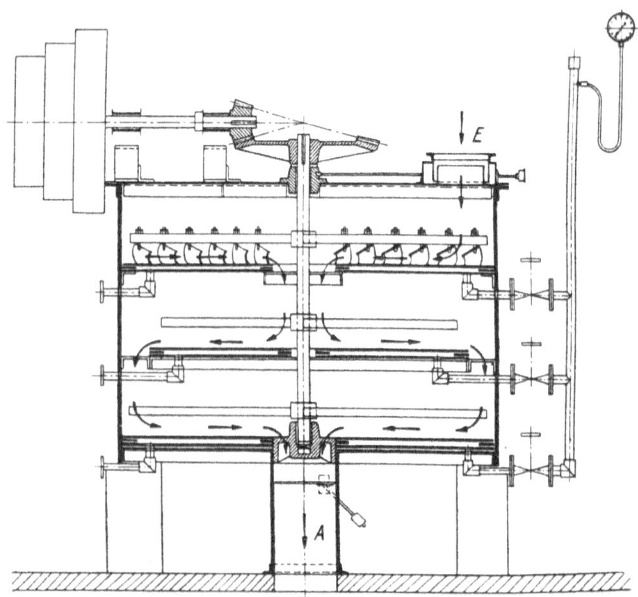

Abb. 2114. Stetig arbeitender Tellertrockner mit drei dampfbeheizten Tellern (Haas).

Ein stetig arbeitender Tellertrockner mit drei Tellern ist auf Abb. 2114 (Haas, Lennep) dargestellt. Hier sind drei Platten übereinander angeordnet. Das Gut fällt bei E auf den Rand der obersten Platte, wird hier von den Schaufeln allmählich nach innen geschoben und rieselt auf die zweite Platte, auf der es nach außen wandert und über den Rand dieser Platte auf den untersten Teller gelangt. Von hier wird es dann über den letzten Teller zum Auslauf *A* gebracht. Das Gut wird demnach auf seinem Weg durch den Trockner häufig umgewendet und stets gleichmäßig verteilt. Die sich bildenden Wrasen ziehen durch einen nicht dargestellten Schacht ab.

Einen Tellertrockner (Haas), der als Lufttrockner ausgeführt ist, zeigt schematisch Abb. 2115. Das Gut tritt hier bei *A* ein und wandert, wie die strichpunktierte Linie andeutet, nach unten über die einzelnen Teller, bis es in eine Austragschnecke gelangt. Zum Umwälzen der Luft dienen die Schraubenlüfter *V*, die in einer besonderen Belüftungskammer *B* eingebaut sind. Hinter den Ventilatoren befinden sich Lufterhitzer (s. d.), welche die umlaufende Trockenluft ständig erwärmen. Der Trockner arbeitet also nach dem Stufen-Umluftverfahren (s. Trockner).

Die größten, mehrstufigen Tellertrockner mit Durchmessern bis zu 5 m werden neben den Röhrentrocknern (s. d.) zum Trocknen von Braunkohle, Torf usw. verwendet. Die übereinander angeordneten, dampfbeheizten Teller bestehen aus je vier durch Trageisen verbundenen Teilen (Segmenten), die sich auf Säulen stützen. Die Teller haben am inneren und äußeren Umfang Aussparungen, durch welche die Kohle von Teller zu Teller fällt. Eine in der Mitte angeordnete senkrechte Welle, die sich mit etwa 3 bis 6 U/min dreht, trägt die Schaufelarme mit Schaufeln und Wendeleisten. Über dem obersten Teller ist ein Abstreifteller angeordnet, auf den das zu trocknende Gut fällt,

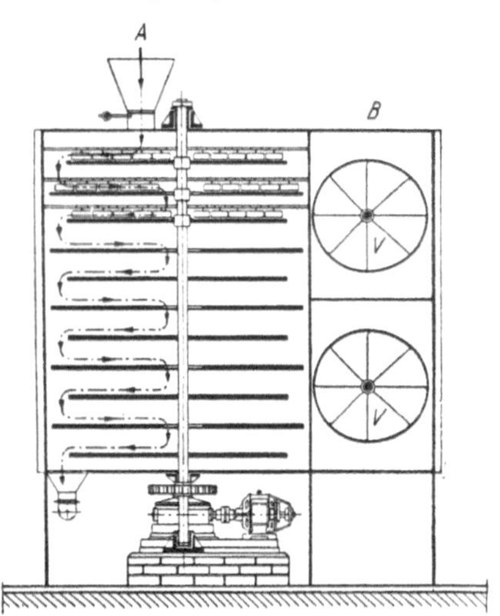

Abb. 2115. Tellertrockner für Lufttrocknung (Haas).

um von hier durch einen Schaber in der bei Teilvorrichtungen (s. d.) üblichen Weise auf den obersten Teller abgeworfen zu werden. Der Heizdampf wird durch Rohre zugeführt, die an zwei gegenüberliegenden Säulen befestigt sind. Das Kondenswasser und die nicht kondensierbaren Gase werden durch Rohrkrümmer abgeführt, die an den beiden anderen Säulen angeordnet sind. Bisweilen werden die Tragsäulen rohrartig ausgeführt und unmittelbar zum Zuleiten des Dampfes und zum Abführen des Kondensats benutzt. Der größte Dampfverbrauch tritt in den obersten Tellern auf, die das kalte und nasse Gut aufnehmen. Hier fallen auch die größten Kondensatmengen an. — Zwischen bestimmten Tellern wird ein Siebboden angebracht, der das bereits auf den gewünschten Endwassergehalt herabgetrocknete, feine Gut absiebt. Dieses wird auf dem darunterliegenden Teller an einer bestimmten Stelle gesammelt und durch Schurren auf die untersten Teller abgeführt. Auf diese Weise kann das Feingut nicht übertrocknet werden. Das Grobgut (Korngröße etwa über 4 mm) wird auf dem Siebboden durch Kollergangswalzen zerkleinert und fällt durch ein gröberes Sieb auf die nächsten Teller. Übergroße Stücke werden vom Siebboden zurückgehalten und ausgetragen. Die untersten Teller können auch als Kühlteller ausgebildet sein. — Ein Mantel umgibt den Telleraufbau. Er ist mit Türen zur Beobachtung und für Instand-

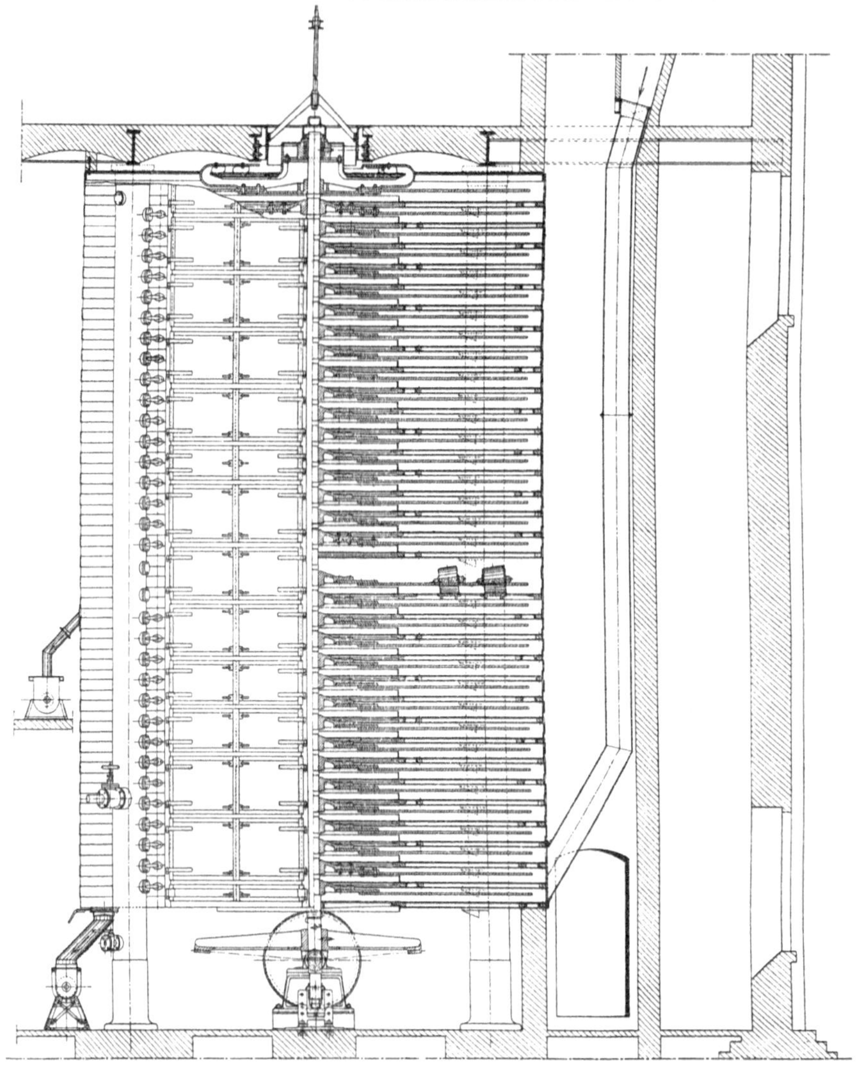

Abb. 2116. Großer Tellertrockner mit Siebboden (Buckau).

setzungsarbeiten und mit Schlitzen versehen, die mit Schiebern zur Regelung der eintretenden Luft abgedeckt sind.

Einen großen Tellertrockner dieser Bauart (Maschinenfabrik Buckau, Magdeburg-Buckau) mit 32 Tellern zeigt Abb. 2116. Ein in der Mitte liegender Boden dient zum Absieben des feinen, bereits ausreichend getrockneten Gutes. Hier laufen auch die Walzen, die das gröbere, noch feuchte Gut zerkleinern. An dem obersten Arm der senkrechten Welle sind die Abstreicher befestigt, die das Rohgut auf den obersten Teller werfen. Thormann.

Tellerwascher, s. Schleuderwascher.

Tellurblei. In neuerer Zeit hat sich gezeigt, daß geringe Zusätze (0,02 bis 0,1 Proz.) von Tellur zum Blei dessen physikalische Eigenschaften und in manchen Fällen auch dessen chemische Beständigkeit verbessern. So wird die Rekrystallisation und interkrystalline Brüchigkeit weitgehend beseitigt. Der Widerstand gegen das Bersten (Eingefrieren von Wasser!) von Rohren wird verdoppelt. Die Erhöhung der Zerreißfestigkeit zeigt die nachfolgende Tabelle:

Zerreißfestigkeit von gewalzten Blechen:

Werkstoff	Zerreißfestigkeit in kg/mm^2
Reinblei	1,51
Blei mit 0,020 Proz. Tellur	2,68
Blei mit 0,043 Proz. Tellur	3,22
Blei mit 0,085 Proz. Tellur	2,86
Blei mit 8 Proz. Antimon	3,16

Die Korrosionsfestigkeit gegenüber Schwefelsäure, Kammersäure und Wasser wird erheblich erhöht.

Lit.: *W. Singleton, W. Huhne* u. *P. Jones*, J. Soc. chem. Ind. 1933, S. 211. — *W. Singleton* u. *P. Jones*, J. Soc. chem. Ind. 1934, S. 149. — *W. Singleton*, Wat. & Wat. Engng. 1934, S. 235. — Wat. & Wat. Engng. 1933, S. 397. — J. Soc. chem. Ind. 1933, S. 193. — *E. Rabald*, Chem. Fabrik 1935, S. 139.   Ra.

Temperaturmesser, s. Pyrometer, Thermometer.

Temperaturregler (*s. auch Regler*). Wie allgemein jede Regelvorrichtung besteht ein Temperaturregler immer aus einem Fühler, einer Übertragungs- oder Verstärkungseinrichtung und dem eigentlichen Regel- oder Steuerorgan (z. B. Ventil, Drosselklappe, Schieber, bei elektrischer Beheizung Vorschaltwiderstand oder Regeltransformator), das auf die maßgebenden Betriebsgrößen einwirkt, wenn die Temperatur von dem Sollwert abweicht.

Der Regler steuert die Temperatur dadurch, daß größere oder geringere Wärmemengen in den Raum, dessen Temperatur geregelt werden soll, geleitet oder aus ihm herausgeführt werden. Für die Einwirkung des Steuerorgans gibt es dabei zahlreiche Möglichkeiten. Der Regler kann die Zufuhr des Wärmeträgers, z. B. die Einleitung von heißem Wasser oder Heizdampf, unmittelbar steuern. Er kann ein kälteres Medium in kleineren oder größeren Mengeneinheiten zuströmen lassen und den Sollwert durch Vermischung einstellen, indem er z. B. Wasser zur Regelung der Temperatur von Heißdampf in einen Heißdampfkühler (s. d.) einspritzt, oder indem er kaltes Wasser zur Temperaturregelung in Warmwasser einleitet. Er kann ferner die Gaszufuhr für eine Gasfeuerung oder den Rauchgasschieber einer Rostfeuerung steuern und somit mittelbar wirken, indem er die Wärmeerzeugung regelt.

Sind große Mengen, die z. B. durch eine Leitung strömen, zu regeln, so kann es zweckmäßig sein, nicht die Hauptmenge, sondern eine Teilmenge zu erfassen, die in einer kleineren, parallelgeschalteten Zweigleitung strömt. In die Hauptleitung wird dann eine Klappe eingeschaltet und diese so eingestellt, daß durch die Hauptleitung ständig die Mengen strömen, die dem unteren Grenzwert der im Betrieb vorkommenden Schwankungen entsprechen. Der Regler steuert dann mit der Klappe in der Zweigleitung die bis zur Höchstlast erforderlichen Unterschiedsmengen.

In schwierigen Fällen muß der Regler m e h r e r e Betriebsgrößen beeinflussen (s. auch Regler) oder mit weiteren Reglern zusammenarbeiten. Soll z. B. die Temperatur in einem Ofen geregelt werden, der durch Gas beheizt wird, das in einer eigenen Generatorenanlage erzeugt wird, so kann es erforderlich sein, das Heizgas, die Vergasungsluft, den Zusatzdampf, die Verbrennungsluft und die Abgase zu beeinflussen. Eine vollständige Regelanlage würde in diesem Fall folgende Geräte umfassen: Temperaturregler zur Steuerung der Heizgaszufuhr, Luftregler für die Vergasungsluft zum Betrieb der Generatoren, Dampfzusatzregler für die Generatoren, einen Verhältnisregler für die Verbrennungsluft, der die Verbrennungsluft der jeweiligen Gasmenge anpaßt, und einen Zugregler, der den Abgasschieber so verstellt, daß der Druck im Ofen unveränderlich bleibt.

Nach der Betriebsweise kann man die s t e t i g e und die A u f - Z u - R e g e l u n g (Ein-Aus-Regelung) unterscheiden. Die Auf-Zu-Regelung eignet sich besonders für kleinere Beheizungseinrichtungen und Öfen, wenn diese eine so ausreichende Masse besitzen, daß die Temperatur beim Ein- und Ausschalten nicht plötzlich steigt oder fällt. Der Regler hat dabei die Aufgabe, bei zu tiefer Temperatur den Wärmestrom einzuschalten und ihn wieder abzustellen, wenn der Sollwert der Temperatur erreicht ist. Soll dagegen die Temperatur eines strömenden Betriebsmittels oder die Temperatur z. B. eines großen Ofenraumes durch Steuerung von Feuerungen (s. Feuerungsanlagen) geregelt werden, so muß das Regelgerät möglichst stetig arbeiten, indem es in Abhängigkeit von der Temperatur ein Getriebe oder einen Kraftverstärker verstellt.

Dabei können leicht Pendelungen auftreten. Diese entstehen dadurch, daß zwischen dem Verstellvorgang und seiner Auswirkung eine längere Zeit vergeht. In dieser Übergangszeit steuert der Regler in der gleichen Richtung, so daß die Temperatur nach einer bestimmten Zeit zu hoch oder zu niedrig ist, da der Regler erst bei dem festgesetzten Grenzwert nach der anderen Richtung wirkt. Die ganze Anlage gerät also in Pendelungen und erreicht das Gleichgewicht erst nach längerer Zeit. Um solche Störungen zu vermeiden, wird eine R ü c k f ü h r u n g (s. auch Regler) vorgesehen, die das Steuerorgan nach der Verstellung zunächst auf den Sollwert zurückführt und langsam die Temperatur auf den Sollwert steigen oder fallen läßt. Eine elastische Rückführung läßt sich so ausführen, daß sie auch die Trägheit der zu regelnden Anlage berücksichtigt. Sind große thermische Massen zu beeinflussen, so kann es erforderlich sein, die zu steuernde Anlage zu überregeln.

Der F ü h l e r, der die Aufgabe hat, mit der Temperatur wachsende oder abnehmende Kräfte auszulösen, entspricht in seiner Bauart einem Temperaturmesser. Er besteht daher aus einem Thermometer (s. d.), wenn die Temperaturen bis etwa 600 oder 700° ansteigen, oder aus einem Pyrometer (s. d.) für den Bereich höherer Temperaturen. Von diesen Geräten eignen sich als Temperaturfühler nur solche, die ununterbrochen und selbsttätig Regelimpulse liefern können, wenn die zu regelnde Temperatur bestimmte Grenzwerte über- oder unterschreitet. Als Fühler kommen demnach die einfachen Flüssigkeitsthermometer und die Glühfadenpyrometer (Teilstrahlungspyrometer) nicht in Betracht. Man benutzt überwiegend Flüssigkeitsdruck- (Feder-), Ausdehnungsstab- (Thermostate) und Widerstandsthermometer für den unteren Temperaturbereich und Thermoelemente und Gesamtstrahlungspyrometer für die höheren Temperaturen.

Flüssigkeitsdruck- und Ausdehnungsstabregler verwendet man vorwiegend für die Regelung der Temperatur erwärmter Luft oder Gase, z. B. für Zwecke der Raumbeheizung, für Trocknungsanlagen usw., und für die Temperaturregelung von Flüssigkeiten. Die Temperatur gesättigter Dämpfe kann nur in geringen Grenzen durch Drosselung geregelt werden, da im Sättigungszustand zu jedem Druck eine bestimmte Temperatur gehört. Ist daher z. B. die Temperatur einer dampfbeheizten Flüssigkeit zu regeln, so ist dies nur in beschränktem Umfang durch Regeln der Dampftemperatur möglich. Es müssen vielmehr oft andere Wege beschritten werden, indem man z. B. mehrere Heizschlangen vorsieht, die nach Bedarf eingeschaltet werden, oder indem man den Dampf regelmäßig zu- oder abschaltet (Auf- und Zu-Regelung), oder indem man die Entgasung der Heizrohre beeinflußt. Für die Regelung der Temperaturen überhitzter Dämpfe durch Einspritzen von Wasser in Heißdampfkühler (s. d.) kommen sowohl die Ausdehnungsstab- als auch die thermoelektrischen Regler in Betracht. Für die Regelung von Feuergastemperaturen verwendet man als Fühler nur Pyrometer (s. d.).

Der Fühler eines Temperaturreglers muß schnell auf jede Temperaturänderung ansprechen, so daß die Erfassung der Temperatur möglichst wenig verzögert wird. Infolge der kleinen Masse sind Widerstandsthermometer und Thermoelemente besonders als Temperaturfühler geeignet. Bei den übrigen Fühlerbauarten sucht man dieses Ziel den Eigenarten der Geräte entsprechend bisweilen durch Sonderformen zu erreichen. So wird z. B. der Fühler von Flüssigkeitsdruckthermometern mit besonders großen Flächen ausgeführt.

Die Genauigkeit eines Temperaturreglers hängt nicht nur von dem Gerät selbst, sondern auch von seinem Einbau und den sonstigen Betriebsbedingungen ab. Ist z. B. der Fühler für die Temperaturregelung eines Ofens falsch in einem toten Winkel angebracht, wird also die Temperatur nicht richtig aufgenommen, oder ist die Heizeinrichtung nicht richtig bemessen, so wird ein an sich gutes Regelgerät nicht immer die gewünschte Genauigkeit erzielen. — Je höher die Temperatur z. B. in einem Ofen ist, um so schwieriger wird die Temperaturmessung, da auf den Fühler nicht nur die Flammengase, sondern auch die Strahlung der heißen Ofenwände und der zu verarbeitenden Massen wirken. Da diese große Wärmemengen in sich aufspeichern, sinkt ihre Temperatur stets erheblich später als die Temperatur der Flammengase. Der Fühler muß daher so eingebaut sein, daß er möglichst auf die Heizgastemperatur selbst anspricht. Bei regenerativ befeuerten Öfen, bei denen die Flammenrichtung wechselt, ist die Lage des Temperaturfühlers gegeben: er muß in der Ofenmitte angeordnet werden.

Bei schwierigen Regelaufgaben mit zahlreichen Einflußgrößen kann es vorteilhaft sein, den Impuls zur Regelung der Temperatur nicht durch einen im Ofen angeordneten Temperaturfühler zu erzeugen, sondern durch Aufnahme anderer Betriebsgrößen zu ersetzen, welche die Temperatur maßgebend beeinflussen. Wird z. B. die Temperatur in einem gasbeheizten Ofen vorwiegend durch Schwankungen des Gasdruckes und des Heizwertes der Heizgase erzeugt, so kann es sich empfehlen, die Temperatur im Ofen durch Einbau einer Drosselklappe in die Gasleitung zu steuern, die gemeinsam von einem Gasdruckregler und einem Heizwertmeßgerät beeinflußt wird. Dieses Heizwertmeßgerät arbeitet mit einem Temperaturfühler, der in Verbindung mit dem Druckregler auf die Stellung der Drosselklappe in der Gasleitung einwirkt.

Unstetig ablaufende Erhitzungsvorgänge, die bei allen absatzweise betriebenen Verfahren vorkommen, können mit Hilfe der Programmregler (s. auch Regler, Kontrollapparate) nach einer bestimmten Temperatur-Zeit-Funktion beeinflußt werden. Die Temperatur wird hier durch eine synchron angetriebene Kurvenscheibe festgelegt, die nach dieser Funktion geformt ist.

Die Verstellkräfte, die Temperaturfühler erzeugen können, sind sehr gering. Zur unmittelbaren Regelung eignen sich nur die Flüssigkeitsdruck- und Ausdehnungsstabthermometer, und zwar nur für kleine Leistungen und einfache Regelaufgaben. Für die Regelung der Temperaturen beim Vorhandensein größerer Wärmemengen sind daher stets Kraftverstärker notwendig, die mit Druckgas (meist Druckluft), Druckflüssigkeit oder elektrisch arbeiten. Zur Übertragung und Verstärkung der vom Fühler gegebenen Impulse kommen alle in der Regeltechnik üblichen Verfahren in Betracht (s. Regler). Sind die Entfernungen zwischen den einzelnen Teilen einer Regelanlage erheblich, so verdient die elektrische Übertragung den Vorzug.

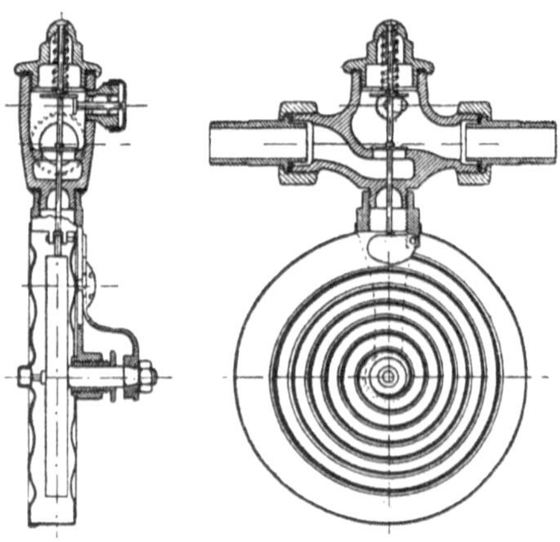

Abb. 2117. Temperaturregler mit Doppelmetallspiralfeder (Bauart *Böhm*).

Ein unmittelbar wirkender Temperaturregler (Bauart *Böhm*) zur Regelung einer Gasfeuerung für die Beheizung von Räumen ist auf Abb. 2117 (Arch. Wärmewirtsch. 1927, S. 149) dargestellt. Der Wärmefühler besteht aus einer Spiralfeder, die aus zwei verschiedenen Metallstreifen (Bimetallstreifen) zusammengesetzt ist. Er ist unmittelbar an dem Drosselventil angebaut. Ein Ende der Spiralfeder greift an einem Hebel an, der die Ventilstange betätigt. Seitlich am Ventilgehäuse ist eine Ausschaltvorrichtung angebracht für den Fall, daß der Brenner mit voller Gaszufuhr arbeiten soll. Auch dann, wenn die Spiralfeder abschließt, geht noch so viel Gas hindurch, daß der Brenner nicht ganz erlischt.

Das Gerät nach Abb. 2118 (Samson A.-G., Frankfurt a. M.) ist vorwiegend zur Regelung der Temperatur von Warmwasser, insbesondere für Warmwasserbereiter, bestimmt. Es besteht aus dem Ventil G, dem Arbeitskörper O und dem Tauchkörper T. Der Arbeitskörper O und der mit diesem durch ein Kupferrohr V verbundene Tauchkörper T sind mit einer Flüssigkeit von hoher Ausdehnungszahl und geringer spezifischer Wärme gefüllt. Eine Feder F sucht das Ventil offenzuhalten. Der Regler kann aber auch umgekehrt arbeiten, so daß die Feder das Ventil schließt. Im Ruhestand liegt der Kolbenstift S lose auf dem Ventilstift S_1. Sobald die Temperatur steigt, dehnt sich die Flüssigkeit im Reglergerät aus. Der federnde Metallschlauch K, dessen unteres Ende durch einen Boden B verschlossen ist, wird zusammengedrückt, so daß der Ventilstift S_1 das Ventil schließt und den weiteren Zutritt von Dampf oder Heißwasser absperrt. Zieht sich infolge Sinkens der Temperatur die Ausdehnungsflüssigkeit zusammen, so geht der Metallschlauch in seine

Anfangslage zurück, und das Ventil öffnet sich. Am Kopf des Tauchkörpers T befindet sich eine Regel- und Sicherheitsvorrichtung R, mit der die Temperatur eingestellt und eine Beschädigung durch Überschreiten der Höchsttemperatur verhütet wird. Zur Abdichtung gegen die Ausdehnungsflüssigkeit ist auch hier ein Metallschlauch K_1 eingebaut, dessen Boden B_1 einen Gewindestift St trägt, der oben mit einer hohen Mutter D versehen ist. Durch Drehung der Mutter wird der Metallschlauch verkürzt, so daß im Reglerinnern ein Leerraum entsteht, der durch höhere Erwärmung der Flüssigkeit erst ausgefüllt werden

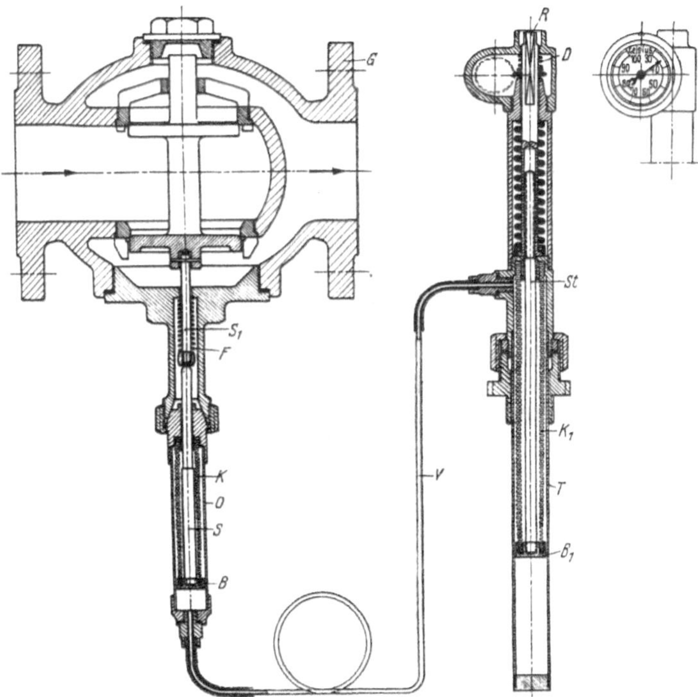

Abb. 2118. Temperaturregler zur Warmwasserbereitung mit Flüssigkeitsdruckfühler
(Samson).

muß, bevor der Kolben K das Ventil schließen kann. Durch Drehen der Mutter D nach der anderen Seite wird der Metallschlauch K_1 verlängert. Dabei genügt eine geringere Erwärmung der Ausdehnungsflüssigkeit, um das Ventil zum Schließen zu bringen.

In ähnlicher Weise arbeitet der auf Abb. 2119 dargestellte Temperaturregler (Strebelwerk, Mannheim) mit einer Ausdehnungsflüssigkeit, die von einem Fühler beeinflußt wird; dieser wird unmittelbar in dem zu beheizenden Raum aufgestellt. Durch die Bewegung eines Kolbens, der auch hier mit einem Federrohr gegen das Reglersystem abgedichtet ist, wird das Drosselventil geöffnet oder geschlossen.

Um die Regelgenauigkeit derartiger Flüssigkeitsdruckregler zu erhöhen, wird die Oberfläche des Wärmefühlers oft wesentlich vergrößert. Dieser wird dann

aus einem biegsamen Kupferrohr hergestellt, das die Ausdehnungsflüssigkeit auf-
nimmt. In dem auf Abb. 2120 dargestellten Flüssigkeitsdruckregler (Samson
A.-G.) besteht der Wärmefühler A aus einer Kupferspirale, die mit Hilfe der
Verschraubung St durch das Rohr K mit dem Arbeitskörper B verbunden ist.

Durch die Überwurfmutter U ist der Arbeitskörper
an dem Hals des Ventils V befestigt. Zur Einstellung dient die Vorrichtung R, die durch das Rohr K_1
an das Flüssigkeitssystem angeschlossen ist.

Zur mittelbaren Regelung läßt sich bisweilen
der Druck des zu steuernden Betriebsmittels benutzen. Als Beispiel zeigt Abb. 2121 einen Schnitt
durch einen Temperaturregler für eine Gasbehei-
zung, der mit einem Ausdehnungsstab-Temperatur-
fühler (Thermostat) ausgerüstet ist. In die Gasleitung ist ein Drosselventil eingebaut, dessen
Kegel an einer Ledermembran befestigt und so
von einem Steuerraum getrennt ist. Der Druck
in dem Steuerraum über der Ledermembran wird
durch den Temperaturfühler beeinflußt. Hierzu ist
von der Gaszuleitung ein Teilstrom abgezweigt,
der durch das Drosselventil des Temperaturfühlers
geführt und dabei je nach der vorhandenen Temperatur mehr oder weniger gedrosselt wird. Dabei
wird die Drosselscheibe mehr oder weniger gehoben
oder gesenkt, so daß sich die Gaszufuhr entsprechend ändert.

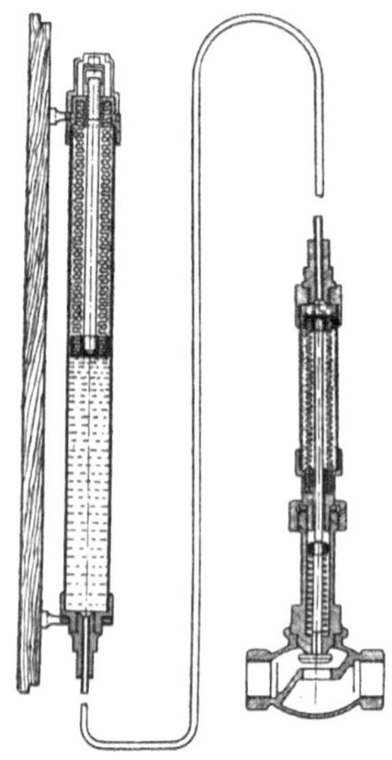

Abb. 2119.
Raumtemperaturregler
(Strebel).

Der auf Abb. 2122 dargestellte Temperaturregler
(Askania-Werke A.-G., Berlin-Friedenau), der für
Temperaturen bis etwa 600° bestimmt ist, benutzt als Kraftverstärker
ein Strahlrohr. Das Steuerwerk A wird mit dem Temperaturfühler an der
Stelle eingebaut, deren Temperaturen geregelt werden soll. Vom Steuer-
werk führen zwei Ölleitungen H zu den Anschlüssen des Steuerzylinders J,

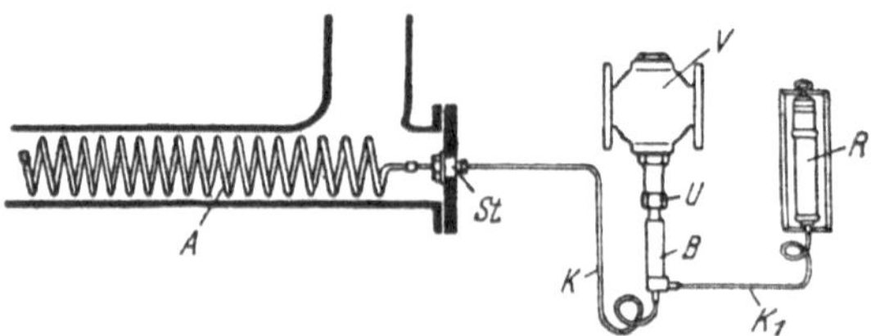

Abb. 2120. Wärmefühler einer Temperaturregelanlage mit vergrößerter Fühleroberfläche (Samson).

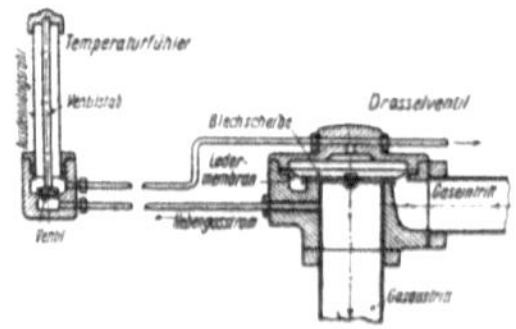

Abb. 2121. Temperatur-
regler mit Steuerung durch
Betriebsmittel.

dessen Kolbenstange an dem Betätigungshebel K des Regelventils L ein-
greift. Das Ventil wird in die Rohrleitung eingebaut, durch die das Heiz-
oder Kühlmittel strömt. Der Dehnungsunterschied des Rohres B_1 und des
Druckstabes B_2 wird durch das Übersetzungsgestänge C auf das Strahlrohr D übertragen, so daß es nach rechts oder links abgelenkt wird und das
Regelorgan so lange verstellt, bis die gewünschte Temperatur erreicht ist. Zur

Einstellung dient die Schraube F, die auf eine Blattfeder E drückt und dabei den Drehpunkt im Übersetzungsgestänge verlagert. Spricht der Temperaturfühler infolge großer Wärmemassen der zu regelnden Anlage erst nach längerer Zeit an, wenn die zu- oder abgeführten Wärmemengen sich ändern, so wird eine besondere Rückführung erforderlich. Der Rückführhebel G ist durch einen Seilzug mit dem Ventilgestänge in der Weise verbunden, daß der Weg des Regelorgans einem bestimmten Drehwinkel des Hebels G und damit einer bestimmten Temperaturänderung entspricht. Es wird dabei also stufenweise geregelt, um zu verhindern, daß der Steuerkolben und das mit ihm gekuppelte Ventil bis in eine Endlage läuft. Der Steuerzylinder bewegt sich erst wieder, wenn die Temperatur weiter gestiegen oder gefallen ist, als der durch die Rückführung bei der geänderten Stellung des Regelorgans eingestellten höheren oder tieferen Temperatur entspricht.

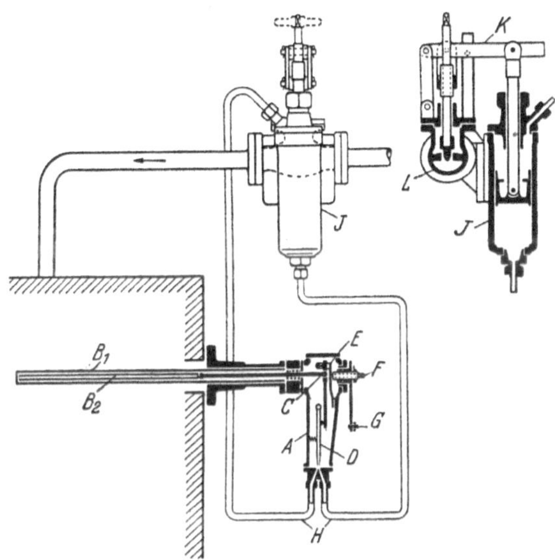

Abb. 2122. Temperaturregelanlage mit Strahlrohr (Askania-Werke).

Eine mittelbare Regelung hoher Temperaturen ist mit dem Strahlrohrgerät (Stromwaage) nach Abb. 2123 möglich (Askania-Werke A.-G.). In dem Lager 1 schwingt ein ausgeglichenes Waagensystem. Von der einen Seite wirkt die Richtkraft der vom Gleichstrom durchflossenen, im Kraftfeld des Magneten 2 schwebenden Spule 3, die mit dem thermoelektrischen Temperaturfühler verbunden ist. Auf der anderen Seite lastet die Druckkraft der Membran 4 über den zwischengeschalteten einarmigen Hebel 5. Das Waagensystem trägt ein Strahlrohr 6, dem über Drosselventil 14, Überstromregler 15 und Filter 16 durch den Anschluß E Druck-

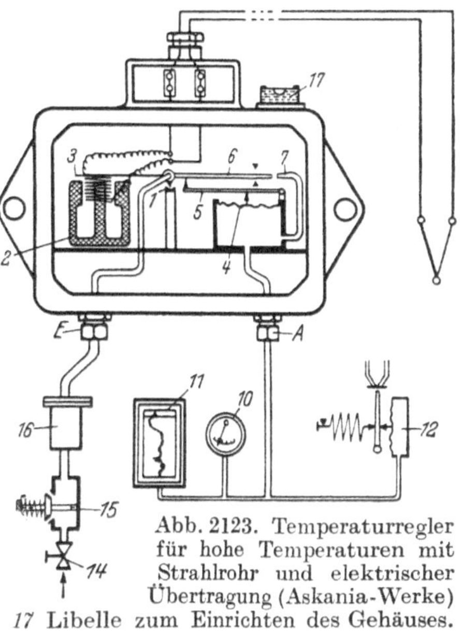

Abb. 2123. Temperaturregler für hohe Temperaturen mit Strahlrohr und elektrischer Übertragung (Askania-Werke) *17* Libelle zum Einrichten des Gehäuses.

luft von etwa 300 mm WS zugeführt wird, welche die gegenüberstehende Düse 7 beaufschlagt. Die mit der Düse in Verbindung stehende Membrankammer erhält um so höheren Druck, je mehr das Strahlrohr vor die Düse tritt. Bei ansteigendem Strom sucht die Spule *3* das Strahlrohr *6* mehr vor die Düse *7* zu stellen. Damit steigt der Druck in der Membrankammer. Die Membran *4* ist bestrebt, das Strahlrohr über das Gestänge *5* wieder in die ursprüngliche Stellung zurückzuführen. Es stellt sich ein Gleichgewichtszustand ein, bei welchem die Spulenkraft durch die Membrankraft ausgewogen wird. Der Luftdruck in der Membrankammer ist daher zwangsläufig stets verhältnisgleich dem Spulenstrom und kann mit Hilfe des Anschlusses *A* als unmittelbares Maß z. B. für die Temperatur mittels Druckmesser *10* oder Druckschreiber *11* oder auch zur Regelung *12* verwertet werden. Der Luftdruck ist ferner unabhängig vom Vordruck. Sinkt z. B. der Vordruck vor dem Strahlrohr, so sinkt vorübergehend der Druck in der Membrankammer. Die Spulenrichtkraft hält das Übergewicht und stellt das Strahlrohr mehr vor die Düse, bis wieder Gleichgewichtszustand herrscht. Die Vordruckschwankungen werden also durch das Strahlrohr selbsttätig berichtigt.

Die geringe Ausdehnung eines Stabfühlers kann mit Vorteil zur Kontaktgabe für die **elektrische** Regelung verwendet werden. Dabei wird eine hohe Ansprechempfindlichkeit und große Schaltleistung mit Hilfe eines Vakuumschalters erreicht. Die Kontakte, die in ein luftleeres Glasrohr eingeschmolzen sind, werden von außen über ein elastisches Wellrohr durch einen Schaltstab betätigt. Die Luftleere verhindert dabei, daß sich Lichtbögen bilden.

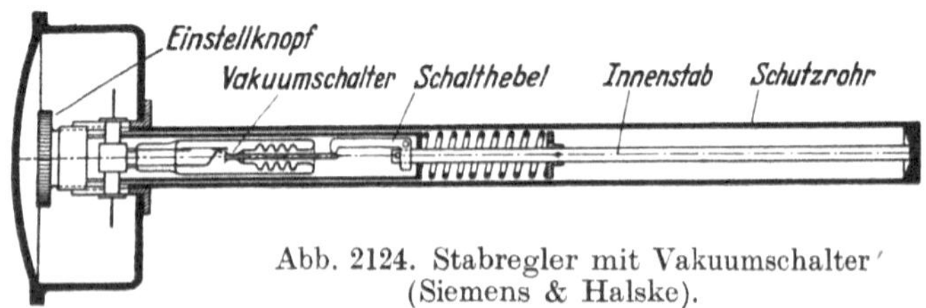

Abb. 2124. Stabregler mit Vakuumschalter
(Siemens & Halske).

Einen elektrischen Stabregler (Siemens & Halske A.-G., Berlin-Siemensstadt), der sich zum Regeln von Temperaturen bis etwa 1000° eignet, zeigt Abb. 2124. Innerhalb des Schutzrohres, das aus einem Werkstoff mit großer Ausdehnungszahl hergestellt ist, liegen ein Stab aus einem Werkstoff von kleiner Ausdehnungszahl und der in eine Schaltpatrone eingesetzte Vakuumschalter. Solche Vakuumschalter haben gegenüber offenen Kontakten eine erheblich höhere Schaltleistung. Eine Feder drückt den Innenstab fest gegen den Boden des Schutzrohres und die Schaltpatrone gegen eine Stellschraube im Anschlußkopf des Reglers. Ein kleiner am Innenstab befestigter Schalthebel liegt mit seinem freien Ende an dem Schaltstab des Vakuumschalters. Steigt die Temperatur und dehnt sich das Schutzrohr aus, so verschiebt sich der Stab gegenüber der Schaltpatrone und öffnet mit dem Schalthebel den Kontakt des Vakuumschalters. Dieser kann auch so eingebaut werden, daß der Kontakt bei steigender Temperatur den Stromkreis schließt.

Eine Ausführung dieser Bauart als Oberflächenregler zum Einhalten der Temperaturen von Heizplatten und ähnlichen beheizten Flächen zeigt Abb. 2125 (Siemens & Halske A.-G.). Eine Messingplatte als Ausdehnungskörper und ein unveränderlicher Metallstab halten zwischen zwei Schneiden, die gegeneinander versetzt sind, einen Winkelhebel; dieser trägt den Vakuumschalter, dessen Schaltstab in einem bestimmten Abstand über einer Stellschraube liegt. Steigt die Temperatur, so dehnt sich die Messingplatte aus. Dadurch entfernen sich die Einschnitte für die Schneiden voneinander, wobei der Schaltstab des Vakuumschalters durch Federkraft gegen die Stellschraube gedrückt wird. Durch Drehen der Schraube läßt sich der Abstand zwischen ihr und dem Schaltstab des Vakuumschalters verändern.

Eine elektrische Temperaturregelanlage, die mit einem Thermoelement die Temperatur in einem gasbeheizten Ofen steuert, zeigt Abb. 2126 (Metallurgische und elektrochemische Instrumente, Düsseldorf [M. E. C. I.]). Durch Kontakte, die im Regler angeordnet sind, wird der Motor des Steuerapparates betätigt. Der Steuer-

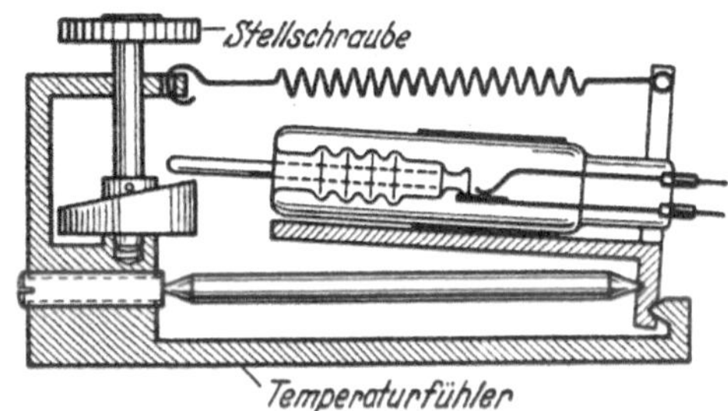

Abb. 2125. Oberflächenregler mit Vakuumschalter (Siemens & Halske).

apparat verstellt dann in Abhängigkeit von der Kontaktgabe das Regelventil. Erreicht die Ofentemperatur den am Regler eingestellten Wert, so wird der Maximalkontakt im Regler geschlossen. Der Motor des Steuerapparates beginnt zu arbeiten und schließt über ein Getriebe das Regelventil. Sinkt die

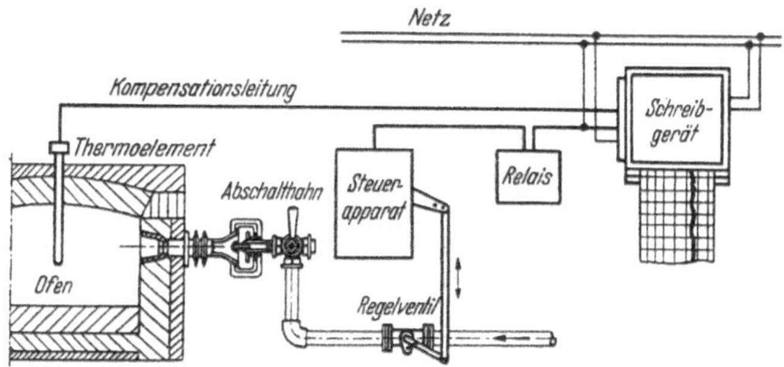

Abb. 2126. Temperaturregelanlage für gasbeheizten Ofen mit elektrischer Steuerung (M.E.C.I.).

Temperatur unter den Sollwert, so wird der Minimalkontakt im Regler geschlossen und das Ventil durch den Steuerapparat wieder geöffnet. Durch einen zweimotorigen Steuerapparat läßt sich die Regelung auch stark wechselnden Arbeitsbedingungen anpassen.

Ein Temperaturregler, der sich zur Verstellung des Luftschiebers von Trommeltrocknern, Brennöfen, Industrieöfen usw. eignet, ist auf Abb. 2127 dargestellt (Steinle & Hartung, Quedlinburg). Der Temperaturfühler a (Flüssigkeitsdruckthermometer) ist in die Gasströmung der Drehtrommel eingebaut und durch das Rohr b mit der Stahlrohrfeder c verbunden. Die Bewegungen der Stahlrohrfeder werden durch ein Hebelwerk auf die Kontakte der Elektromagnete F_1 und F_2 im Schaltgehäuse d übertragen. Je nachdem, ob der Stromkreis des einen oder des anderen Elektromagneten geschlossen wird, greift eine der Zahnklinken g_1 oder g_2 in die Zähne des auf der Reglerwelle h

aufgekeilten Schaltrades i. Dadurch dreht die hin- und hergehende Schubstange k das Schaltrad i nach links oder rechts. Die Schubstange wird entweder durch eine Riemenscheibe l oder durch einen unmittelbar gekuppelten
Motor angetrieben. Bei gleichbleibender Temperatur sind beide Zahnklinken g_1
und g_2 abgehoben, so daß das Schaltrad stehen bleibt. Dreht sich das Schaltrad, so beeinflußt es durch eine Rückführung die Kontaktgabe, so daß die
Temperatur nicht überregelt werden kann. Die Regelbewegung wird von
der Welle h über Kettenräder auf einen Luftschieber oder auf die Drosselklappe eines Ventilators oder auch auf den Gasschieber übertragen. Die
Regeltemperatur kann bei m eingestellt werden.

Für die Auf- und Zuregelung benutzt man außer den Ausdehnungsreglern
auch Geräte mit elektrischem Meßwerk, die als Fühler Widerstandsthermometer, Thermoelemente oder Strahlungspyrometer benutzen. Durch ein ein-

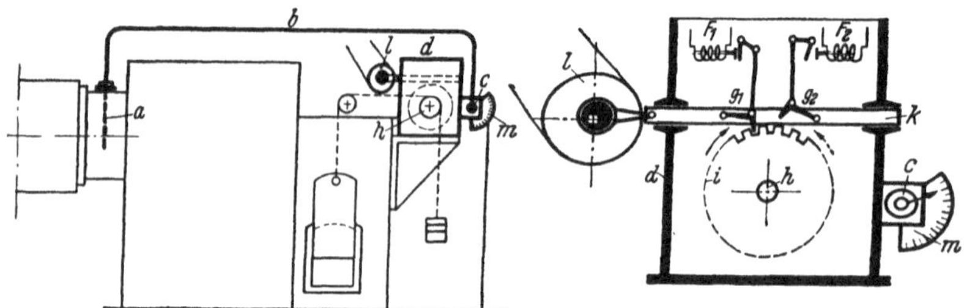

Abb. 2127. Temperaturregler für Drehtrommel mit Steuerung durch Zahnklinken
(rechts Vergrößerung des Schaltgehäuses d) (Steinle & Hartung).

gebautes Abtastwerk, das ein kleiner Synchronmotor antreibt, wird in gewissen Zeitabständen die Zeigerstellung und damit die tatsächliche Temperatur im Vergleich zum eingestellten Sollwert geprüft. Weicht die Temperatur
ab, so werden Steuerschalter betätigt, die meist als Quecksilberschalter ausgeführt sind. Bei einer zulässigen Schaltstromstärke von 6 A kann man mit
einem solchen Regler kleine Öfen unmittelbar steuern. Größere Öfen werden unter Zwischenschaltung von Schützen betätigt. (Siehe auch Regler,
Kontrollapparate.)

Sollen Anlagen mit großer Wärmeträgheit elektrisch gesteuert werden,
z. B. große gasbefeuerte Industrieöfen, so ist zu berücksichtigen, daß sich
eine Verstellung des Heizventils erst nach einer gewissen Zeit in einer Temperaturänderung auswirkt. Diese Verzögerung muß der Regler berücksichtigen, wenn er pendelfrei arbeiten soll. Diese Aufgabe lösen die elektrisch
arbeitenden **Kompensationsregler** (Siemens & Halske A.-G.) in Verbindung mit der elastischen Rückführung, die mit einem elektrischen Meßwerk
ausgerüstet ist; dieses wird je nach der Temperaturhöhe an Widerstandsthermometer, thermo-elektrische Pyrometer oder Ardometer (s. Pyrometer)
angeschlossen. Die Entfernung des Reglers von der Meßstelle ist dabei praktisch unbegrenzt.

Die Schaltung eines Kompensationsreglers mit elastischer Rückführung ist
auf Abb. 2128 schematisch dargestellt. Sobald das Steuerorgan bei einer Ab-
weichung vom Sollwert verstellt wird, bringt die Rückführung durch die
elektrische Beeinflussung des Meßstromkreises den Zeiger des Nullgalvano-

meters wieder in die Nullstellung. Mit gleicher Geschwindigkeit, mit der die Temperatur in der Anlage dem Sollwert zustrebt, nimmt der Einfluß der Rückführung ab. Die Zeit dieses Ablaufes läßt sich so einstellen, daß die Rückführung in dem Augenblick, wo der Sollwert wieder erreicht ist, die Zeigerstellung nicht mehr beeinflußt. Bei einer größeren Temperaturabweichung wird der Zeiger entsprechend der häufigeren Kontaktgabe ein erhebliches Stück rückgeführt, so daß der Regler Gegenimpulse gibt, bevor der Sollwert erreicht ist. Die Rückführung wird so ausgeführt, daß ein U-förmiges, mit Gas gefülltes Glasgefäß in beiden Schenkeln Heizdrähte enthält, von denen jeweils einer gleichzeitig mit dem Ventilantrieb eingeschaltet wird. Infolge der Erwärmung dehnt sich das Gas aus und verschiebt einen Quecksilberfaden im un-

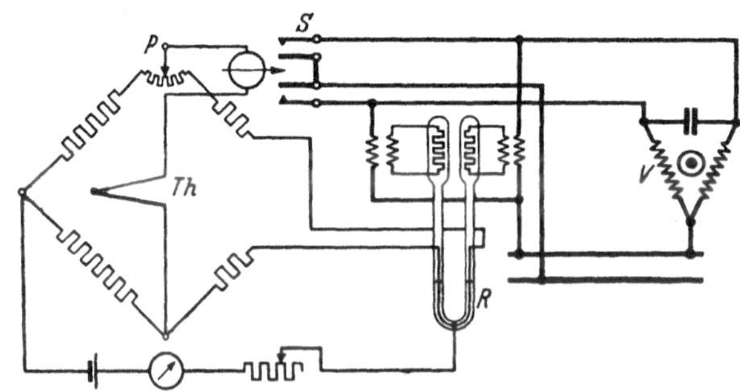

Abb. 2128. Schematische Darstellung eines elektrischen Kompensationsreglers mit elastischer Rückführung (Siemens & Halske). P = Temperatur-Einstellwiderstand, Th = Thermoelement, S = Schaltwerk, R = thermische Rückführung, V = Ventilantrieb.

teren Teil des Glasgefäßes. Dabei wird ein in das Quecksilber tauchender Widerstandsdraht mehr oder weniger kurz geschlossen. Die dadurch hervorgerufene Widerstandsänderung beeinflußt die Zeigerstellung in der beschriebenen Weise. Sobald mit dem Ventilmotor auch der Heizdraht wieder abgeschaltet wird, kühlt sich das Gas ab, so daß das Quecksilber langsam wieder in seine Nullage zurückgeht. Die Rückführung wird in einfacher Weise durch veränderliche Widerstände eingestellt.

Lit.: *R. Stohn*, Temperaturregler (Halle a. d. S. 1933, Marhold). — *W. Friedmann*, Mechanisierung der Feuerführung in Glasofenanlagen (Glastechn. Ber. 1929, S. 217). — *H. O. Meyer*, Elektrisches Regeln der Temperatur (Elektrotechn. Z. 1936, S. 1417). — Druckschriften der Firmen Siemens & Halske A.-G., Berlin-Siemensstadt; Samson-Apparatebau A.-G., Frankfurt a. M.; Askania-Werke A.-G., Berlin-Friedenau. — Siehe auch die Lit. bei Regler.   Thormann.

Temperguß, s. Eisen-Kohlenstoff-Legierungen.

Textilien. Textilstoffe haben, gemessen an ihrem sonstigen Verbrauch im praktischen Leben, als Werkstoffe der chemischen Industrie nur ein beschränktes Anwendungsgebiet. Gleichwohl sind sie für viele Arbeitsprozesse von ganz erheblicher Bedeutung und bestimmen in einer Reihe von Fällen die Wirtschaftlichkeit. Das Hauptgebiet für die Anwendung von Textilien ist die Filtration (s. Filter, bes. S. 487ff; s. auch Stoffgasfilter), dann folgt ihre Verwendung zum Sieben und bei Entstaubungsanlagen, für Isolationszwecke, Dichtungen bzw. Dichtungsschnüre für Säcke, für Seile, Treibriemen, Membranen, Katalysatoren (z. B. Platingewebe für die Ammoniakoxydation) und endlich auch für Schutzkleidung (z. B. Asbestanzüge). Nach den verwendeten Werkstoffen lassen sich die Textilien unterteilen in solche aus anorganischem Material (Metalle, Asbest, Glas) und aus organischem Material (Wolle, Baumwolle, Seide, Haare, Leinen, Jute, Ramie, Papiergarn, Hanf, nitrierte Baumwolle, Kunstseide, Zellwolle, PeCe-Faser).

Man unterscheidet in der Hauptsache Nessel, Köper (Einfachköper, Kreuzköper, Doppelköper, Federköper), Stramin, Taft, Gaze, Loden, Segeltuch, Fischgrat, Calmuc, Molton, Barchent, Bieber, Tresse, Filz usw. Die Webart und das Verhalten gegenüber dem zu filtrierenden oder zu siebenden Stoffen bestimmen die Durchlässigkeit der Gewebe. Beim Gebrauch verengen sich die Poren durch zurückgehaltene Teilchen, außerdem tritt bei den meisten organischen Filterwerkstoffen eine mehr oder minder starke Quellung auf, die den Durchgang hemmt. Dazu kommt bei den organischen Geweben noch ein namentlich durch heiße Filtermedien veranlaßtes Einschrumpfen („Krumpfung"). Dieses ist besonders zu beachten beim Einspannen in die Rahmen von Filterpressen, damit ein Reißen vermieden wird. Man verwendet deshalb in besonderen Fällen „gekrumpftes Gewebe", d. h. solches, das durch geeignete Vorbehandlung schon so weit eingeschrumpft ist, daß praktisch keine Schrumpfung mehr auftritt. Die Textilien gehören in der Hauptsache zu den engmaschigen Filtern bzw. Sieben, deren Einzelöffnungen kleiner als 1 mm² sind.

Für Seile und Riemen sowie ihre Prüfung sei nur auf das Schrifttum verwiesen: *P. Krais*, Werkstoffe, Stichwort Textilien, bearb. v. *Glafey* (Leipzig 1921, Barth), *O. Wawrziniok*, Handbuch d. Materialprüfungswesens (2. Aufl., Berlin 1923, Julius Springer). Baumwollriemen (aus mehreren Gewebelagen) finden namentlich Verwendung in feuchten und heißen Räumen, da Leder unter diesen Umständen zu wenig widerstandsfähig ist.

Chemische Widerstandsfähigkeit.

Auf Metall-, Asbest-, Glas- und Gummigewebe braucht hier nicht näher eingegangen zu werden. Ihre chemische Widerstandsfähigkeit ist bei den Stichworten der Werkstoffe zu finden, aus denen sie hergestellt worden sind. Bei den Glasgeweben ist noch darauf hinzuweisen, daß man heute in der Lage ist, weiche, mechanisch sehr widerstandsfähige Gewebe herzustellen, daß jedoch beim Einlegen der Glastücher immer mit einem gewissen Abrieb zu rechnen ist, so daß das erste Filtrat immer eine gewisse Menge Glasflitterchen enthält.

Es bleiben nun noch Textilien aus organischem Material, die eingeteilt werden können in Gewebe aus Pflanzenfasern (Baumwolle, Leinen, Hanf, Jute, Ramie, Cocosfaser usw.), Tierfasern (Wolle, Naturseide, verschiedene Haarsorten) und aus synthetischen Fasern (Kunstseide, Zellwolle, PeCe-Faser); dazu kommen noch Gewebe aus Papiergarn sowie chemisch behandelte (z. B. nitrierte) Baumwolltücher. Es werden natürlich auch Mischgewebe, wie z. B. solche aus Baumwolle und Zellwolle, verwendet. In den meisten Fällen greifen heiße Filtermedien erheblich stärker an als kalte, so daß man höhere Temperaturen möglichst vermeiden soll.

Zwischen den pflanzlichen und tierischen Fasern besteht in der chemischen Beständigkeit ein bemerkenswerter Dualismus. Während Baumwolle besonders empfindlich gegen Säuren und vergleichsweise beständig gegen Alkali ist, liegt bei Wolle und Seide der Fall gerade umgekehrt. Bleiben wir zunächst bei der Baumwolle, so ist für einen großen Temperatur- und Konzentrationsbereich bei Säuren die Wasserstoffionenkonzentration der den Angriff bewirkende Faktor, da er die Bildung von Hydrocellulose bzw. Oxycellulose veranlaßt. So greift mit Kochsalz versetzte Salzsäure Baumwolle weniger stark an als eine Säure gleicher Konzentration ohne diesen Zusatz.

Von *Pilkington* ist gefunden worden, daß eine Zugabe von Natriumsulfat zu organischen Säuren deren Angriff zurückdrängt, wie die nachfolgende Tabelle zeigt. Als Maß des Angriffes wurde die reduzierende Wirkung der Abbauprodukte auf alkalische Kupferlösung genommen (je größer der Kupferwert, desto größer der Angriff).

Säure	Konzentration	Versuchsbedingungen	Kupferzahl[1]
Weinsäure	5 g auf 100 cm³	Lösung auf Faser eingetrocknet und dann Faser mit Dampf behandelt	4,8
Weinsäure	gleiche Konzentration + 1,6 g $Na_2SO_4 \cdot 10\,H_2O$	desgleichen	2,82
Weinsäure	gleiche Konzentration + 20 g $Na_2SO_4 \cdot 10\,H_2O$	desgleichen	ganz geringe Einwirkung
Citronensäure . . .	5 g auf 100 cm³	desgleichen	2,63
Citronensäure . . .	gleiche Konzentration + 20 g $Na_2SO_4 \cdot 10\,H_2O$	desgleichen	ganz geringe Einwirkung

Ähnlich liegt die Sache, wenn die Zugfestigkeit nach Behandlung mit Säuren untersucht wird:

Reagens	Zugfestigkeit nach Kochen am Rückflußkühler
Wasser	11,06
2proz. Oxalsäure	6,71
2proz. Oxalsäure + 20 Proz. $Na_2SO_4 \cdot 10\,H_2O$	9,84

In der Kälte haben organische Säuren viel weniger Einfluß auf Baumwolle als Mineralsäuren. In der Hitze sind die Säuren aggressiver, wie folgende Zahlen von *Stein* zeigen:

Säure	Permanganatzahl (= cm³ $^1/_{10}$ $KMnO_4$-Lösung, die verbraucht werden, wenn man nach einstündigem Kochen und Erkaltenlassen die Hydrocellulose nach *Kaufmann* bestimmt)
Säuren stehen in äquivalentem Verhältnis 1,5proz. Salzsäure . . .	273
2,0proz. Schwefelsäure .	175
2,0proz. Phosphorsäure	59
2,6proz. Salpetersäure .	261
8,6 g Citronensäure auf 100 cm³ Wasser	47
100 g Citronensäure auf 100 cm³ Wasser	127
10 g Weinsäure auf 100 cm³ Wasser	54
10 g Weinsäure + 0,7 g HCl auf 100 cm³ Wasser	195
10 g Weinsäure + 0,4 g HCl auf 100 cm³ Wasser	150

[1] Baumwolle ohne Behandlung mit Säuren hat auch eine geringe Kupferzahl.

Diese Zahlen sind sehr groß, wenn man bedenkt, daß die Permanganatzahl für Baumwolltücher, die 7 Monate lang zum Abfiltrieren von Calciumsulfat bei der Herstellung von Aluminiumformiat aus Aluminiumsulfat + Calciumcarbonat + Ameisensäure verwendet wurden, nur 12 betrug. Nach *Alliot* ist die Höchstgrenze, bis zu der kalte Schwefelsäure nicht merklich abbaut, 3—8 Proz.

Konzentrierte Schwefelsäure verwandelt Baumwolle in eine gallertartige Masse. Heiße, starke Salpetersäure zerstört Baumwolle gleichfalls. Konzentrierte Salzsäure verhält sich ähnlich wie Schwefelsäure. Mischsäuren und Salpetrige Säure nitrieren bekanntlich Baumwolle. Die gebildete Nitrocellulose ist gegen Säuren wesentlich beständiger, wenn auch ihre mechanische Festigkeit etwas zu wünschen übrig läßt. Für die Herstellung von Filtertüchern, die selbst 60 proz. Schwefelsäure bei 100° widerstehen, schlagen *Hamlin* und *Turner* folgenden Weg vor: Lose in Aluminiumrahmen gespannte Baumwolltücher werden für 1 std in kalte 80—85 proz. Salpetersäure und dann für 20 min in 93 proz. Schwefelsäure getaucht. Nach sorgfältigem Auswaschen können die so präparierten Tücher getrocknet werden und sind dann gebrauchsfertig. Es muß bemerkt werden, daß Eisensalze diese Filter zerstören.

Aus wahrscheinlich oberflächlich nitrierter Baumwolle bestehen die säurebeständigen Filter der Du Pont de Nemours & Co., Wilmington, Delaware. Ihre Festigkeit beträgt 70—80 Proz. von der zu ihrer Herstellung verwendeten Baumwolle. Sie sind relativ beständig gegen 60 proz. Schwefelsäure bei 100°, gegen Salpetersäure, Mischsäuren und Salzsäure, dagegen nicht widerstandsfähig gegen organische Lösungsmittel für Nitrocellulose, Alkalien, Alkalisulfide und starke Reduktionsmittel. Ihre Haltbarkeit ist die 12-fache von gutem Wolltuch und die 6-fache von Tuch aus bestem Kamelhaar. Die nitrierten Tücher sind feucht aufzubewahren.

Nitrierte Baumwolltücher werden auch in Deutschland fertig geliefert (I. G. Farbenindustrie, Leverkusen). Sie sind beständig gegen Schwefelsäure bis zu 40 Proz. bei 20°, bis zu 20 Proz. bei 40°, bis zu 10 Proz. bei 100°; gegen Salzsäure jeder Konzentration bei 20°, bis zu 10 Proz. bei 40°, bis zu 5 Proz. bei 100°; gegen Phosphorsäure bis zu 25° Bé bei 60°. Auch Mischgewebe aus Baumwolle und Zellwolle lassen sich mit Erfolg nitrieren. Derartige Nitrotücher stehen solchen aus reiner Baumwolle an Durchlässigkeit und Haltbarkeit nicht nach.

Bei der Einwirkung von Säuren kommt es auch auf die Flüchtigkeit der betreffenden Säure an, wenn erhöhte Temperaturen in Frage kommen. Wird z. B. Baumwolle in Säure eingetaucht und dann 10 min auf 120° erhitzt, so beträgt der geringste Prozentgehalt an Säure, der noch angreift, bei Salzsäure 1,40 Proz., bei Schwefelsäure 1,13 Proz. Saure Salzlösungen und unter gewissen Bedingungen Säure abspaltende Salze ($AlCl_3$, $MgCl_2$) verhalten sich ähnlich wie Säuren. Konzentrierte Zinkchloridlösungen lösen Baumwolle völlig auf.

Alkalien und Ammoniak wirken viel weniger stark auf Baumwolle ein. *Alliot* hält Lösungen mit noch 5 Proz. freiem Alkali für ungefährlich. Alkalische Lösungen, wie solche von Alkalicarbonaten, Borax, Seife, Wasserglas, Natriumphosphat, greifen ebenfalls nicht an. Nur heiße Laugen, besonders in Gegenwart von Sauerstoff, sind schädlich. Die hier obwaltenden Umstände sind besonders von *Weltzien* untersucht worden. Dieser findet selbst bei Sauerstoffausschluß noch die rasche Bildung von löslichen Substanzen

und spricht die Vermutung aus, daß durch Chemosorption gebundener Sauerstoff an diesen Reaktionen mit beteiligt sei. Sehr stark alkalische Lösungen
sind von erheblicher Einwirkung auf Baumwolle. Ammoniakalische Kupfer-
salzlösungen lösen Cellulose auf.

Längeres Erhitzen von Baumwolle auf 120° ist mit einer Abnahme der
Festigkeit verbunden, und zwar ist auch hier wie bei den alkalischen Lösungen
der Einwirkung des Sauerstoffes besondere Beachtung zu schenken. In Er-
kenntnis dieser Tatsachen erhitzt z. B. *Berl* die zur Nitrierung kommenden
Baumwollinters in einem inerten Gase.

Wasser ist bis 150° ohne Einwirkung auf Baumwolle. Über den Einfluß
der atmosphärischen Feuchtigkeit auf die Reißfestigkeit und Dehnung vgl.
das zitierte Handbuch von *Krais.*

Über die sachgemäße Reinigung von verstopften Baumwollfiltriertüchern
bei der Lackfabrikation, dem Abfiltrieren von Zementkupferschlamm und
in der Bierfabrikation s. *Stein*, Chem. Apparatur 1928, S. 280.

Feuchtes Lagern von Baumwolltüchern ist auf jeden Fall zu unterlassen.
Eine Tränkung mit dünner Kupferammonlösung schützt gegen das „Stocken“,
führt jedoch zu einem Zusammenschrumpfen um etwa 5 Proz. in der Breite
und einer Verlängerung von ebenfalls etwa 5 Proz.

Die Einwirkung von Ölen (Transformatorenölen), selbst wenn diese geringe
Mengen organischer Säuren (Essigsäure, Milchsäure, Ölsäure usw.) enthalten,
ist nicht sehr groß, da *Stäger* keine erhebliche Abnahme der Festigkeit nach
Behandlung mit diesen Agenzien beobachtete.

Ähnlich wie Baumwolle verhalten sich Leinen und Jute. Nur sind beide
empfindlicher gegen chemische Beanspruchungen. So findet *Stein* bei Behandlung von Jute und Baumwolle mit 4,5 proz. Salzsäure unter gleichen
Bedingungen folgende Zahlen:

	Permanganatzahl
Baumwolle	90
Jute	120

Das Leinen ist indessen auf Grund der Eigenart seiner Faser ein wesentlich wertvolleres und haltbareres Gewebe als Jute. Von *Meunier, Chambard* und
Berthet ist festgestellt worden, daß die Reißfestigkeitsabnahme von zwischen
(mit verdünnten Säuren [$^1/_{100}$ bis $^1/_{10}$ n H_2SO_4] getränktem) Leder gepreßten
Leinenfäden direkt proportional dem Säuregehalt ist. Jedoch ist die Einwirkung längst nicht so stark wie beim Einlegen in wäßrige Säuren. Über die
starke Einwirkung von Chlor auf Jute s. *Strong.* Gegen Alkalien ist Leinen
empfindlicher als Baumwolle.

Cocosnußfaser wird als recht widerstandsfähig gegen 12 proz. Schwefelsäure, die Kupfersulfat enthält, angegeben.

Wenden wir uns der Wolle und den anderen tierischen Faserstoffen
zu, so gibt *Alliot* folgende Zahlen an:

Material	Maximale Konzentration, die ohne große Schädigung vertragen wird	Bemerkungen
Wolle	15—20 proz. Schwefelsäure	Salzsäure wird schlecht ver- tragen
Kamelhaar . .	30 proz. Schwefelsäure, 10 proz. Salzsäure	—
Pferdehaar . .	10 proz. Salzsäure	Schwefelsäure wirkt sehr stark ein

Stellt man die Anforderungen an Verschleiß zurück, so kann man unter strengeren Bedingungen auch noch wirtschaftlich arbeiten. So wird z. B. in einer großen amerikanischen Fabrik ein Gemisch von 45 Proz. Schwefelsäure + 3 Proz. Salpetersäure + 0,5 Proz. Pikrinsäure (Ablaugen der Pikrinsäureherstellung) ohne allzu große Kosten durch Wollfilter filtriert, deren Haltbarkeit natürlich begrenzt ist. Mit Chromsäure bildet Wolle salzartige Komplexe.

Besonders wichtig ist auch die Temperatur, bei der die Säuren einwirken. Nach *Ssokolow* und *Drewing* sind namentlich die Temperaturen über 60° gefährlich, da von hier an die Zerstörung außerordentlich rasch vor sich geht.

Von Alkalien werden Wolle und die anderen tierischen Faserstoffe, wie schon hervorgehoben, stark angegriffen. Nur Seifenlösungen scheinen keinen erheblichen Einfluß zu haben. Es liegt eine größere Studie von *Mullin* vor, in welcher der Eigenwirkungsgrad von alkalischen Flüssigkeiten in Abhängigkeit von p_H festgestellt worden ist.

Neutrale Lösungen (Kochsalz, Glaubersalz) sind ohne Einwirkung.

Beim Kochen greift reines Wasser ein klein wenig stärker an, als wenn etwas Säure zugesetzt worden ist. Bei höheren Temperaturen (130°) macht Wasserdampf Wolle brüchig.

Seide wird im allgemeinen kaum verwendet werden. Sie verhält sich ähnlich wie Wolle und ist gegenüber Säuren sogar noch etwas beständiger. Interessant ist, daß 5 proz. kalte Flußsäure und Kieselflußsäure keinerlei Angriff auf Seide ausüben. Über die Verwendung von Wildseide für Filterstoffe für saure und alkalische Agenzien s. *Lehmann.* Über Behandlung

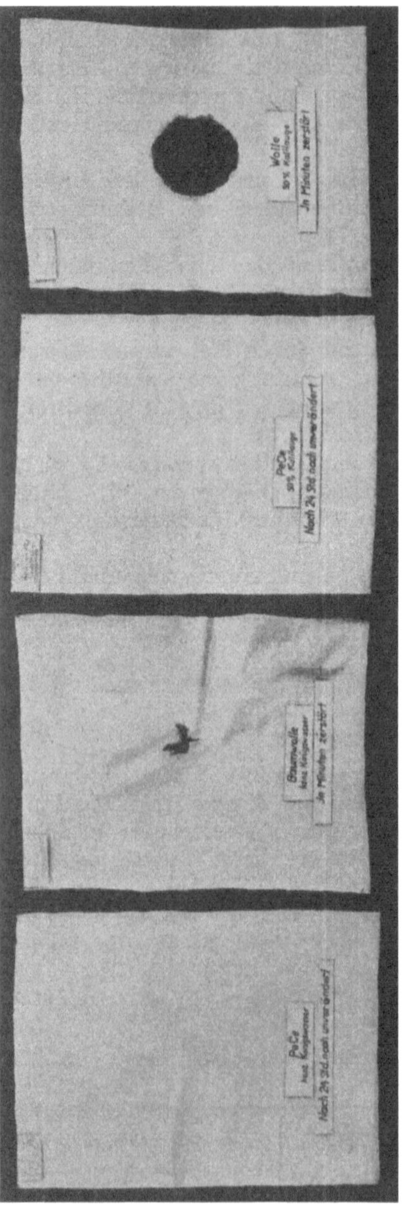

Abb. 2129. Verhalten der PeCe-Faser gegen Königswasser und Kalilauge (Werkphoto der I.-G. Farben).

von Seide mit Ammoniumformiat zur Erhöhung der chemischen Widerstandsfähigkeit vgl. *Gutowsky.*

Zellwolltücher haben sich in der Zuckerindustrie bewährt (*E. Horn*, Chem. Apparatur 1940, S. 99), während Filtertücher aus Papiergarn für Filterpressen bei der Mineralölfiltration benutzt werden.

Gewebe aus Nitroseide haben noch bessere mechanische und chemische Widerstandsfähigkeit als nitrierte Baumwollgewebe (s. oben).

Filtriertücher aus Kupferseide behalten ihre gute Festigkeit auch bei der Einwirkung von Salzsäure, Salpetersäure, Schwefelsäure, wenn deren Konzentration 5 Proz. nicht übersteigt. Gegen Natronlauge sind sie empfindlicher. Schon 5proz. Lauge führt zu einer nicht unbeträchtlichen Quellung. Dagegen sind Filtertücher aus Kupferseide gegen Ammoniak und Natriumbisulfit sehr widerstandsfähig.

Gute Zukunftsaussichten hat das in neuester Zeit in den Handel gebrachte Gewebe aus PeCe-Faser. Bei dieser handelt es sich um eine auf rein synthetischem Wege hergestellte Faser (Rohstoffe: Kohle, Kalk, Salzsäure). Sie besteht aus Polyvinylchlorid und besitzt einen Chlorgehalt von etwa 60 Proz. In Wasser quillt sie fast nicht. Für den gleichen Filtrationszweck muß daher ein feineres PeCe-Gewebe als Baumwollgewebe gewählt werden, weil durch die fehlende Quellung keine Nachdichtung erfolgt. Durch diese Hydrophobie ist aber im Gegensatz zu den anderen Fasern die Naßfestigkeit der PeCe-Faser die gleiche wie die Trockenfestigkeit. Ferner erfolgt keine Diffusion von Filtergut in die Faser, Niederschläge lassen sich von PeCe-Gewebe im allgemeinen leichter abheben und eine Verkrustung tritt viel weniger auf. Ein Nachteil ist die Nichtquellbarkeit des Gewebes bei Filterpressen, da die Abdichtung schwerer zu erzielen ist als bei quellendem Gewebe. Hier ist ganz besonders auf sorgfältiges Einlegen und unbeschädigte Rahmen zu achten. Man verwendet daher mit Vorteil Untertücher, wodurch die Dichtungsschwierigkeiten behoben werden.

Der größte Nachteil der PeCe-Faser liegt in ihrem Verhalten in der Wärme. Sie ist thermoplastisch und schrumpft schon bei 70° sehr erheblich. Die Temperaturgrenze der Verwendungsfähigkeit liegt bei 75°, PeCe-Filtertücher dürfen demgemäß auch niemals heiß gewaschen werden, worauf das Bedienungspersonal hinzuweisen ist. Neuerdings ist auch dekatiertes PeCe-Filtertuch im Handel, das Temperaturen bis 105° aushält, allerdings ist dieses etwas weniger flexibel.

Gewebe, Seile und Schnüre aus PeCe-Faser verrotten nicht, sind fäulnisfest und nicht entflammbar. Die PeCe-Faser zeigt weiterhin ausgezeichnetes thermisches und elektrisches Isolationsvermögen. Die Festigkeitseigenschaften sind so gut wie bei den anderen Faserstoffen. Die übliche Spinnstärke beträgt etwa $3^3/_4$ Denier.

Was aber die PeCe-Faser für die chemische Industrie und für die Arbeitskleidung besonders wertvoll macht, ist ihre außerordentliche chemische Beständigkeit, die durch die nachstehende Tabelle veranschaulicht wird. Diese erhebt keinen Anspruch auf Vollständigkeit, gibt aber das Verhalten gegenüber den verschiedensten Chemikalien wieder (s. auch Abb. 2129).

Allgemein kann gesagt werden, daß das PeCe-Gewebe praktisch beständig ist gegen alle Säuren, Laugen und Salzlösungen anorganischer Natur, auch z. T. bei höheren Konzentrationen.

Einwirkendes Mittel	Verhalten	Einwirkendes Mittel	Verhalten
Äthanol	beständig	Leinöl	beständig
Äther	Quellung	Methanol	beständig
Alkohole	beständig	Methylenchlorid	wird gelöst
Ameisensäure	beständig	Mineralöle	beständig
Ammoniak	beständig	Mischsäuren	beständig
Bariumhydroxyd	beständig	Natriumhydroxyd	beständig
Benzin	beständig	Natriumsulfid	beständig
Benzol	nicht beständig	Nitriersäuren	beständig
Bleichlauge	beständig	Öle	beständig
Chlor	nicht beständig	Olivenöl	beständig
Chlorkalk	beständig	Oxalsäure	beständig
Chlorsulfonsäure	nicht beständig	Oxalate	beständig
Chlorzink	beständig	Perchlorsäure	beständig
Chromschwefel-		Permanganate	beständig
säure	beständig	Pflanzenöl	beständig
Chromsäure	beständig	Phosphorchloride	nicht beständig
Cyclohexanon	wird gelöst	Phosphorsäure	beständig
Eisenchlorid	beständig	Rüböl	beständig
Erdnußöl	beständig	Salpetersäure (bis	
Ester	Quellung	50 proz.)	beständig
Fette	beständig	Salzsäure	beständig
Formiate	beständig	Schwefelchloride	nicht beständig
Flußsäure	beständig	Schwefelsäure (bis	
Glycerin	beständig	50 proz.)	beständig
Kaliumhydroxyd	beständig	Schwefelnatrium	beständig
Kaliumpermanganat	beständig	Tetrahydrofucan	wird gelöst
Ketone	Quellung	Überchlorsäure	beständig
Kieselfluorwasser-		Wasser	beständig
stoffsäure	beständig	Wasserstoffsuper-	
Königswasser	beständig	oxyd	beständig

Lit.: *P. Krais*, Werkstoffe, Stichwort Textilien, bearb. von *Glafey*, (Leipzig 1921, Barth). — *M. L. Hamlin* u. *E. M. Turner*, Chem. Resistance of Engineering Materials (New York 1923, Chem. Catalog Co.). — *E. Rabald*, Werkstoffe u. Korrosion II (Leipzig 1931, Jul. Springer); Dechema-Werkstoffberichte 1935—1939 (Berlin, Verlag Chemie). — *K. Fiedler*, Handbuch der gesamten Textilindustrie, Bd. 1 (6. Aufl., Leipzig 1937, Jänecke). — *Pilkington*, J. Soc. Dyers Colourists Bd. 31, S. 149. — *L. Stein*, Baumwoll-Filtertücher und ihre Anwendung, Theorie und Praxis (Chem. Apparatur 1926, S. 37, 55, 81). — *Alliot*, J. Soc. chem. Ind. 1920 T, S. 261. — *H. W. Strong*, J. Soc. chem. Ind. 1928 T, S. 196. — *Ch. E. Mullin*, Amer. Dyestuff Reporter 17, S. 109; Chem. Zbl. 1928 I, S. 2219. — *P. Ssokolow* u. *W. Drewing*, Journ. chem. Ind. 4, S. 232 (russ.); Chem. Zbl. 1928 I, S. 388. — *A. J. Turner*, J. Textile Inst. 19 T, S. 101; Chem. Zbl. 1928 II, S. 1635. Beziehung zwischen atmosphärischer Feuchtigkeit und der Reißfestigkeit und der Dehnbarkeit von Textilien vor und nach der Bewitterung. — *H. J. Waterman* u. *J. Groot*, Chem. Weekbl. 25, S. 18; Chem. Zbl. 1928 I, S. 1095. Einwirkung von Salpetriger Säure auf Wollfaser. — *Meunier, Chambard* u. *Berthet*, Chim. et Ind. 17, Sonder-Nr. 483/84; Chem Zbl. 1928 I, S. 1131. — *M. Lehmann*, DRP. 464896; Chem. Zbl. 1928 II, S. 1803. — *A. H. Tiltman* u. *B. D. Porritt*, India Rubber J. 76, S. 245; Chem. Zbl. 1928 II, S. 2307. Einfluß von Hitze auf Baumwolle. — *K. Gutowsky*, Kunstseide 1920, S. 460; Chem. Zbl. 1929 I, S. 458. — *E. Stäger*, Helv. chim. Acta 11, S. 377; Chem. Zbl. 1928 II, S. 202. — *M. J. Ginsky* u. *D. Kodner*, Z. angew. Chem. 1928, S. 283; Chem. Zbl. 1928 I, S. 2472. Wolle und Chromsäure. — *A. R. Peer*, Bull. Am. ceram. Soc. 6, S. 284; Chem. Fabrik 1928, S. 82. Herstellung und Pflege von Filterpreßtüchern. — *E. Berl*, DRP. 199885. — *Gebhard*, Z. anorg. allg. Chem. 22, S. 1890; Chem.-Ztg. 1913, S. 601, 622, 638, 662, 717, 765. — *L. Stein*, Wie läßt sich bei der Beschaffung und Verwendung von Filtertüchern sparen? (Chem.

Apparatur 1928, S. 242, 280); Über Filtertücher für die Filtration von Fetten, Ölen, Mineralölen und zugehörigen Stoffen (Chem. Apparatur 1932, S. 89); Einiges über Preßtücher für Warmpressen (Chem. Apparatur 1932, S. 102); Einiges über den Einfluß von Emulsion auf die Filtrierwirkung der Filtertücher (Chem. Apparatur 1932, S. 133). — *W. Weltzien*, Kolloid-Z. 51, S. 172. — *W. Regner*, Zbl. Zucker-Ind. 1934, S. 765; Chem.-Ztg. 1934 (Techn. Ü.), S. 170; Textile Forsch. 1934, S. 41; Verwendung u. Haltbarkeit von Filtertüchern in der Rohzuckerfabrikation. — *E. Walla*, Sprechsaal Keramik usw. 1934, S. 106. Baumwolle im Dienst der Filtration in der keram. Industrie. — *C. H. Butcher*, Ind. Chemist and chem. Manufact. 1934, S. 430; Chem. Zbl. 1935 I, S. 1594. U. a. Ratschläge für die zweckmäßige Gestaltung u. Erhaltung von Filtertüchern. — *M. O. Charmadarjan* u. *L. I. Ssiwopljass*, Ukrain. chem. J. 1933, Wiss.-techn. Teil, S. 125; Chem. Zbl. 1934 II, S. 2430. Leinwandkonservierung für Filterpressen. — *F. Wittka*, Allgem. Öl- u. Fett-Ztg. 1934, S. 395. Ein besonderer Fall der Zerstörung von Filtertüchern (Hartfett griff stark an). — *O. M. Morgan* u. *B. J. Kenalty*, Canad. J. Res. 1934, S. 53. Einfluß atmosphärischen Schwefeldioxyds auf Baumwolltextilien. — *F. Chadwick*, Trans. Instn. Rubber Ind. 1934, S. 114; Chem. Zbl. 1935 I, S. 1458. Baumwollgewebe für die Gummiindustrie. — *P. Pavlas*, Z. Zuckerind. cechoslov. Republ. 1935, S. 369; Chem. Zbl. 1935 II, S. 1982. Studien über d. Ursachen des Hartwerdens von Filtertüchern (Ansatz von $CaCO_3$. Rühren als Gegenmittel). — *M. C. Marsh*, J. Text. Inst. 1935 Trans., S. 187; Der Einfluß von Hitze auf Wolle. — Victor Manufacturing & Gasket Co., Amer. P. 2025486 v. 18. VII. 33. Imprägniermittel für Textilien. — *K. Werner*, Schweiz. P. 181327 v. 23. III. 35. Isoliermittel f. Kaltwasserleitungen. — *E. Ebbrecht*, Chem.-Ztg. 1937, S. 375. Neuzeitliche Filtration über Beutelfilter in chem. u. verwandten Betrieben. — *L. Blumer*, DRP. 627660 v. 31. III. 33. Aus Asbest, Textilfasern u. dergl. hergestellter imprägnierter Dichtungsfaden für benzinfeste Metallschläuche. — Aluminium Co. of America, Amer. P. 2035527 v. 21. VII. 32. Behandlung v. grobem Baumwollgewebe (Segel- u. Filtertuch). — Melliand Textilber. 1937, S. 684. Über d. Wärmeleitfähigkeit v. Textilfasern. — *Rinoldi*, Boll. Laniera 1937, S. 157. Der Hanf u. seine Verwendung als Textilfaser. — *A. A. New*, Text. Colorist 1937, S. 403. Fortschritte in der Textilisolation. — J. Soc. chem. Ind., Chem. & Ind. 1938, S. 32. Einige Tatsachen über Packungen u. Abdichtungen. — *K. Holl*, Arch. Hyg. Bakteriol. 1935, S. 296. Entfernung v. Blei u. Kupfer aus Trinkwasser. — Seifensieder-Ztg. 1937, S. 102. Die Bedeutung der Preßtücher im Ölmühlenbetrieb. — *J. H. Thomas*, Glass Ind. 1937, S. 201, 211. Physikal. Kennzeichen u. Eigenschaften von Textilstoffen aus Glas. — Texas Co., Amer. P. 2101012 v. 11. V. 37. Reinigen v. Filtertüchern und Filtersieben, die z. Filtrieren von Teeren verwendet wurden. — *Justin-Mueller*, Teintex 1937, S. 394; Chem. Zbl. 1937 II, S. 2927. Die Einwirkung v. Hypochloriten, Natriumbisulfit, Wasserstoffsuperoxyd u. Ätznatron auf Wolle. — *M. Harris*, *R. Mease* u. *H. Rutherford*, Amer. Dyestuff. Reporter 1937, S. 150; Chem. Zbl. 1937 I, S. 4879. Die Reaktion der Wolle mit starken Lösungen von Schwefelsäure. — *G. O. Adams* u. *F. H. Kingsbury*, J. New England Water Works Ass. 1937, S. 60; Chem. Zbl. 1937 II, S. 1245. Erfahrungen mit der Chlorung neuer Wasserrohre. — Umschau 1938, S. 43. — *J. H. Skinkle*, Amer. Dyestuff Reporter 1938, S. 412; 1939, S. 131; Chem. Zbl. 1940 I, S. 957. — Physikal. u. chem. Textilprüfung. — Klepzigs Text.-Z. 1939, S. 718. Einwirkung v. Alkalien auf Wolle. — *H. A. Elkin* u. *W. A. S. White*, Text. Manufacturer 1939, S. 393; Chem. Zbl. 1940 I, S. 645. Fäulnisfestmachen von Jute. — *E. Horn*, Chem. Apparatur 1940, S. 99. Neuere Verfahren u. Apparate in d. Zuckerindustrie (Zellwollfiltertücher); s. a. *E. Horn* u. *Spengler*, Z. Wirtschaftsgr. Zuckerind. 1937, S. 8; 1938, S. 801; 1939, S. 344. — *O. Herfurth*, Zellwolle, Kunstseide, Seide 1940, S. 219. Über die Einsatzmöglichkeit der PeCe-Faser in der Filtrationstechnik. — *E. Hubert*, Vierjahresplan, 1940, S. 222. Synthetische Fasern aus Kohle u. Kalk. — *H. Rein*, Umschau 1940, S. 469. Von der Kunstfaser zur synthetischen Faser.

Rabald.

Thelenapparate dienen zum Einengen und Auskrystallisieren von Lösungen, besonders auch zum Calcinieren, z. B. in der Sodaindustrie zur Umwandlung des Rohbicarbonats in Soda bei dem Ammoniak-Soda-Verfahren.

Ein Thelenapparat besteht aus einer langgestreckten Mulde, die im unteren Teil eine Zylinderfläche bildet. Sie ist in eine Einmauerung gesetzt und wird von außen durch Feuergase beheizt. Nach oben ist sie in der Regel durch einen flachen Deckel abgeschlossen. In der Längsachse der Mulde liegt eine starke Welle, an der Arme befestigt sind, die an ihren Enden schaufelartige Schaber tragen. Die Welle wird durch einen Kurbeltrieb hin- und herbewegt,

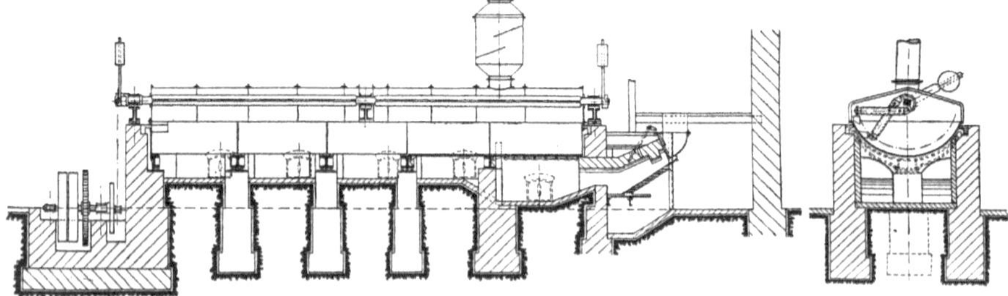

Abb. 2130. Thelenapparat (Grevenbroich).

so daß die Schaber über die Oberfläche der Mulde streichen und die sich ansetzenden Krystalle abstreichen und weiter fortbewegen. Bei dem auf Abb. 2130 dargestellten Apparat (Maschinenfabrik Grevenbroich) dient zur Beheizung eine Treppenrostfeuerung, die an einer Stirnseite angeordnet ist. An dieser Seite der Mulde wird das wasserhaltige Rohgut zugeführt und von hier durch die Schaber allmählich an das andere Ende gebracht. Dort wird das Gut durch einen Elevator herausgefördert. Die entstehenden Wrasen ziehen über einen Staubabscheider ab.

Thelenapparate (Thelenpfannen) werden für die genannten Zwecke in der Sodaindustrie heute meist nur noch in kleineren Betrieben benutzt. In größeren Werken ist man dazu übergegangen, das Rohbicarbonat in Drehöfen (s. Calcinierapparate) zu calcinieren, die von außen beheizt werden (s. auch Trommeltrockner). Th.

Thermisilid, s. Ferrosilicium.

Thermometer (*s. auch Pyrometer*). Temperaturen werden in Deutschland nach der von *Celsius* angegebenen hundertteiligen gesetzlichen Temperaturskala gemessen und mit °C (meist [wie auch in diesem Handbuch] nur mit °) bezeichnet, wobei als Nullpunkt der Schmelzpunkt von Eis und als Festpunkt für 100 Grad der Siedepunkt des Wassers bei 760 mm QS angenommen ist. Im Ausland ist außerdem noch die Fahrenheit-Gradleiter (°F) im Gebrauch. Zur Umrechnung der beiden Gradeinteilungen dient die Formel:

$$°C = (°F - 32) \cdot 0{,}555.$$

Die Meßgeräte für Temperaturen bis etwa 500°, teilweise auch bis etwa 700°, bezeichnet man als Thermometer und die für den höheren Temperaturbereich bestimmten Geräte als Pyrometer (s. d.). Während die Pyrometer die zur Einstellung des Fühlers notwendige Wärme durch Strahlung aufnehmen, werden die Thermometer überwiegend durch Berührung mit den heißen Stoffen erwärmt. Der als Meßfehler sich bemerkbar machende Temperaturunterschied zwischen der Stofftemperatur und der Temperatur des Thermometers wird dabei um so geringer sein, je größer die Wärmeübergangszahl zwischen Stoff und Thermometer ist. Da Gase bei der Übertragung von Wärme die geringste Wärmeübergangszahl bedingen und außerdem die Wärmestrahlung durchlassen, so daß das Thermometer mit den umgebenden Wänden durch Strahlung Wärme austauscht, ist der Meßfehler bei der Temperaturmessung von Gasen erheblich größer als bei der Messung der Temperaturen von Flüssigkeiten, Dämpfen und festen Stoffen. Die Oberfläche des wärmeaufnehmenden Teils des Thermometers soll möglichst klein sein, damit das Temperaturfeld an der Meßstelle nicht gestört wird. Das Thermometer soll möglichst senkrecht zur Strömungsrichtung eingebaut werden.

Die Thermometer benutzen zur Temperaturanzeige unmittelbar die Ausdehnung einer Flüssigkeit oder eines festen Körpers oder übertragen die Volumenänderung einer Flüssigkeit auf einen Druckmesser (z. B. auf ein Federmanometer), der mittelbar die zu messende Temperatur zur Anzeige bringt. Die elektrisch wirkenden Thermometer arbeiten mit einem Widerstand, der sich proportional der jeweiligen Temperatur ändert. Man unterscheidet demnach Flüssigkeits-, Flüssigkeitsdruck-, Ausdehnungsstab- und elektrische Widerstands-Thermometer.

Zur Füllung von Flüssigkeitsthermometern wird am meisten Quecksilber verwendet. Quecksilber hat gegenüber anderen Flüssigkeiten den Vorzug, daß es sich nicht zersetzt und daß es die geringste Ausdehnungszahl, gute Wärmeleitzahl, geringe spezifische Wärme, hohe Capillarkonstante, geringe Dampfspannung und eine niedrige Strahlungszahl besitzt. Solche Quecksilberthermometer sind in einfacher Ausführung aus gewöhnlichem Thermometerglas bis etwa 300° brauchbar. Meist wird jedoch Jenaer Normalglas bevorzugt, das sich für Temperaturen bis etwa 400° eignet. Glasthermometer für niedrige Temperaturen werden sorgfältig evakuiert, damit das Quecksilber nicht oxydieren kann. Die Quecksilbersäule eines Thermometers, das gut entlüftet ist, läßt sich durch Umkippen leicht trennen und wieder vereinigen. Wird der Fadenraum mit einem gespannten, neutralen Gas (meist Stickstoff) gefüllt und das Gerät aus temperaturbeständigem Sonderglas (Jenaer Supremax-Glas) hergestellt, so läßt sich der Anzeigebereich bis etwa 600° vergrößern. Die Gasfüllung verhindert, daß sich der Faden teilt. Da Quecksilber bei —38,9° erstarrt, werden Thermometer zur Messung tiefer Temperaturen mit Alkohol, mit Toluol oder mit Pentan gefüllt, das für Temperaturen bis —190° brauchbar ist. — Organische, gefärbte Flüssigkeiten werden verwendet, wenn eine bestimmte Farbe für den Faden gewünscht wird.

Man unterscheidet Betriebs- und Prüfthermometer. Die Prüfthermometer müssen besonderen amtlichen Vorschriften entsprechen und dienen nur zur Prüfung der Betriebsthermometer.

Der eigentliche Thermometerkörper wird entweder als Stabthermometer mit aufgeätzter Zahlenleiter (vorwiegend für Prüfthermometer) oder als Einschlußthermometer hergestellt, bei dem ein Mantelrohr (Hüllrohr)

Zahlenleiter (z. B. Milchglas-Maßstab) und Glascapillarrohr (Haarrohr) umschließt. In der Regel sind die Capillarrohre durch einen Deckstreifen gelb
oder weiß hinterlegt. Das Capillarrohr ist nach Abb. 2131 als Zylinderlinse
gestaltet, so daß ein vergrößertes und scharfes Bild des Quecksilberfadens
entsteht, das sich von dem Hintergrund des Deckstreifens gut abhebt. Durch
das Spiegelcapillarrohr nach *Palm* (Abb. 2132) läßt sich der Quecksilberfaden
farbig hervorheben. Außer dem weißen Deckstreifen hinter dem Quecksilberfaden ist in dem Glasrohr seitlich noch ein farbiger Schmelzstreifen vorhanden, den ein zweiter, weißer Deckstreifen dem Blick entzieht. Dieser
Streifen spiegelt sich farbig in der vorderen Fläche des Quecksilberfadens,

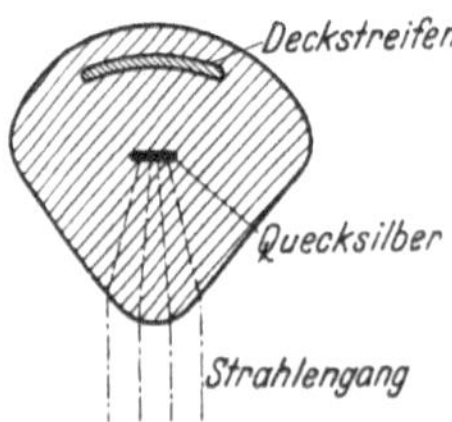

Abb. 2131. Schnitt durch ein linsen-
förmiges, hinterlegtes Thermometer-
Capillarrohr.

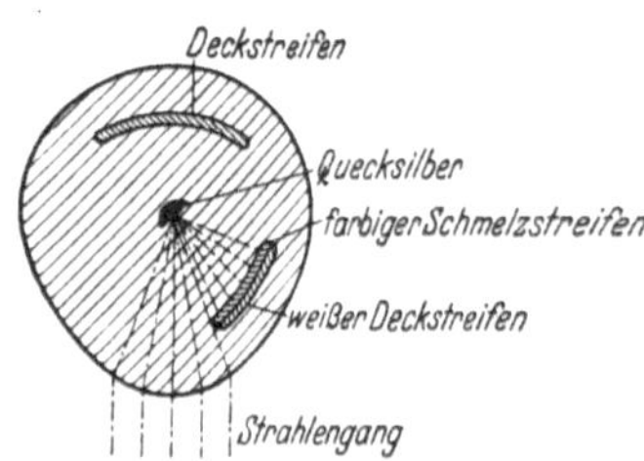

Abb. 2132. Spiegelcapillarrohr
nach *Palm*.

wobei das Bild durch die linsenartige Ausbildung des Haarrohres noch vergrößert wird. — Für den Bereich hoher Temperaturen werden die Glasrohre
starkwandig ausgeführt, da der Druck des inerten Gases infolge der Verdichtung durch das sich ausdehnende Quecksilber hoch ansteigen kann.

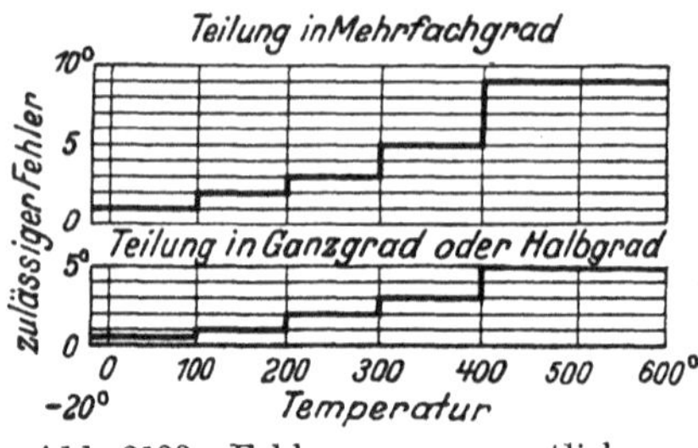

Abb. 2133. Fehlergrenzen amtlich zu
prüfender Thermometer.

Liegt die Meßstelle räumlich verhältnismäßig tief unter der umschließenden
Wandung, so können die Flüssigkeitsthermometer einen verlängerten Schaft
erhalten (Stockthermometer). — Die
Maßstäbe beiderseits der Glascapillaren
werden auch stumpfwinklig gegeneinander gestellt, weil die Teilung so besser
zu erkennen ist als auf einem ebenen
Maßstab und der Beobachter unwillkür-
lich zur richtigen Augenstellung veranlaßt wird.

Die Skalenteilung und ihre Länge werden dem Verwendungszweck entsprechend angepaßt. Die Fehlergrenzen für amtlich zu prüfende Thermometer
sind auf Abb. 2133 in Abhängigkeit von den Temperaturen für Teilungen in
ganzen oder halben Graden und in Mehrfachgraden dargestellt. Diesen Prüf-
bedingungen entsprechen in der Regel auch gute Betriebsthermometer.

Da der Quecksilberfaden stets mehr oder weniger aus der zu messenden
Temperaturzone herausragen muß, nimmt er im äußeren Teil eine geringere
Temperatur an, so daß die Anzeige zu berichtigen ist (Fadenberichtigung). Die richtige Temperatur t ergibt sich aus der angezeigten Temperatur t_a
aus der Beziehung:

$$t = t_a + n \cdot \alpha \left(t_a - t_m\right).$$

Hierin bedeuten:

$n = $ Zahl der Grade, um die der Faden herausragt,

$t_m = $ mittlere Temperatur des Fadens, die mit einem besonderen Fadenthermometer bestimmt werden kann,

$\alpha = \dfrac{1}{6000}$ für Quecksilberthermometer mit und ohne Gasfüllung.

Thermometer für Betriebsmessungen werden in der Regel in eine Metallarmatur eingebaut. Diese besteht aus dem Schutz- oder Tauchrohr (Hülse, Unterteil), dem Anschlußstück (Verschraubung, Flansch, Aufschweißstutzen usw.) und dem Flach- oder Rundgehäuse für den Fadenteil des Thermometers (Oberteil). Das Tauchrohr ist betriebsmäßig fest mit dem Thermometeroberteil verbunden. Schutzrohre werden betriebsmäßig lösbar mit dem Thermometeroberteil vereinigt. Das Tauchrohr kann offen (ohne Boden und mit seitlichen Schlitzen) oder geschlossen ausgeführt werden. Offene Tauchrohre, die den Vorteil haben, daß das Betriebsmittel das Quecksilbergefäß des Thermometers unmittelbar umspült, kommen nur für geringe Drücke und Temperaturen in Betracht.

Ein einfaches Einschraubthermometer ist auf Abb. 2134 dargestellt. Das eigentliche Glasthermometer steckt in einer Schutzhülse. Der Zwischenraum zwischen Thermometer und Hülse wird teilweise durch einen gut wärmeleitenden Stoff ausgefüllt. Die Hülse soll dünnwandig sein und möglichst weit in die Strömung hineinragen. — Ein Gerät mit Tauchrohr ist auf Abb. 2135, ein Thermometer mit Schutzrohr auf Abb. 2136 dargestellt (Schäffer & Budenberg G. m. b. H., Magdeburg-Buckau). Muß das Thermometer waagerecht eingebaut werden, so wird es meist nach Abb. 2137 als Winkelthermometer oder nach Abb. 2138 schiefwinklig ausgeführt. Das auf Abb. 2138 dargestellte Thermometer ist mit offenem Tauchrohr und Flachgehäuse ausgerüstet.

Zur Fadenberichtigung kann nach Abb. 2139 (Schäffer & Budenberg G. m. b. H.) neben dem Glasthermometer a ein kleines Hilfsthermometer b in der

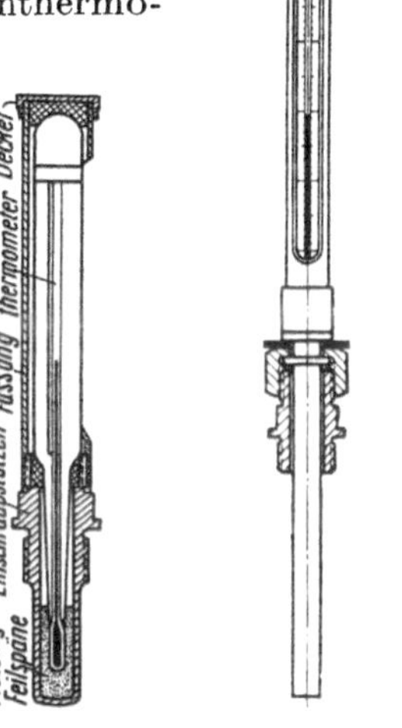

Abb. 2134. Thermometer mit einfacher Schutzhülse.

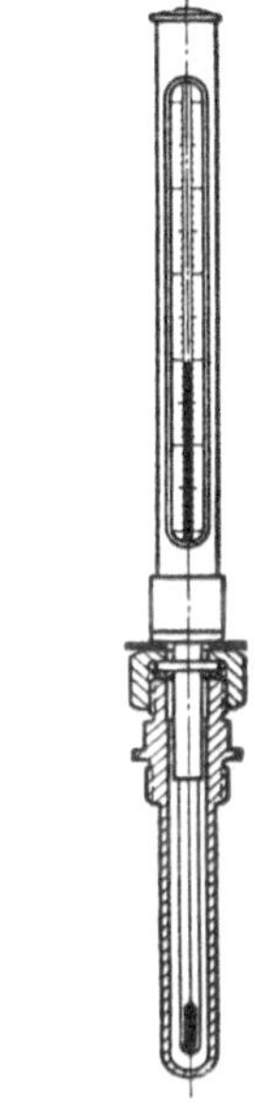

Abb. 2135. Betriebsthermometer mit geschlossenem Tauchrohr (Schäffer &Budenberg).

Abb. 2136. Betriebsthermometer mit Schutzrohr (Schäffer &Budenberg).

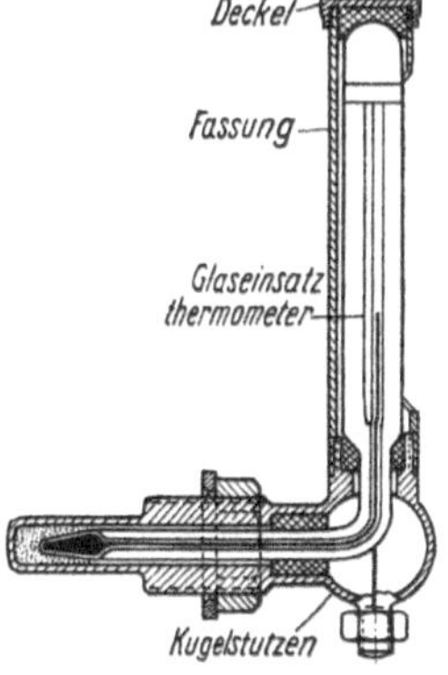

Abb. 2137. Winkelthermometer.

gleichen Metallfassung d angeordnet werden, das die mittlere Temperatur des Fadens c des Hauptthermometers angibt. Das Hilfsthermometer ist in einer Klemmhülse f geführt und wird so eingestellt, daß der Anfangspunkt seiner Teilung sich mit jenem Punkt der Nebenskala e deckt, welcher der am Hauptthermometer a abgelesenen Temperaturanzeige entspricht. Mit Hilfe einer Rechentafel wird dann die Fadenberichtigung unmittelbar ermittelt. — Für hochwertige Anlagen werden auch Geräte mit selbsttätiger Fadenberichtigung geliefert. Neben der Capillaren des Hauptthermometers befindet sich bei diesen Geräten eine Einstellmarke, die durch Drehen eines Knopfes entsprechend der jeweilig angezeigten Temperatur bewegt werden kann. Das Fadenthermometer ist zur Erfassung der mittleren Fadentemperatur beweglich mit der Einstellmarke verbunden, so daß es einen bestimmten Bruchteil des Weges der Einstellmarke zurücklegt. Hinter dem Fadenthermometer befinden sich Kurven, die nach Werten der Fadenberichtigung beziffert sind, so daß die Stellung des Quecksilberfadens im Fadenthermometer unmittelbar die Berichtigung angibt, wenn die Einstellmarke auf den Stand des Hauptthermometers bewegt wird.

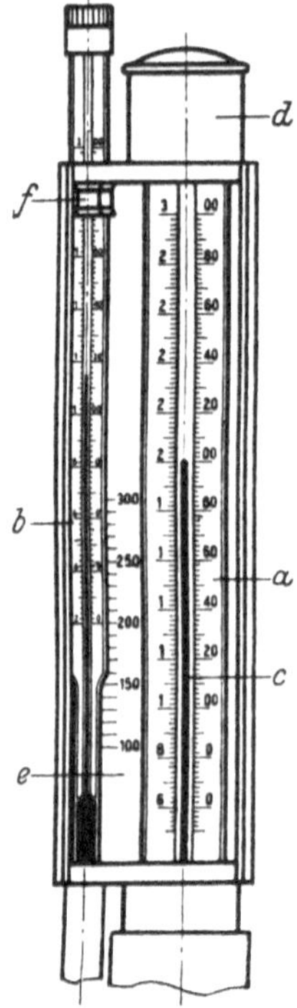

Abb. 2139. Glasthermometer mit einfacher Fadenberichtigung (Schäffer & Budenberg).

Abb. 2138. Schiefwinkliges Thermometer mit offenem Tauchrohr und Flachgehäuse (Schäffer & Budenberg).

Um die Meßgenauigkeit zu erhöhen, können die Thermometer mit strömungstechnisch besonders günstig gestalteten Sonderstutzen ausgeführt werden. Als Beispiel zeigt Abb. 2140 den sogenannten Sinertia-Stutzen (Schäffer & Budenberg G. m. b. H.). Auf die Rohrleitung wird ein Stutzen a aufgeschweißt, der senkrecht zur Strömungsrichtung gestellte Leitbleche b enthält. Sie führen einen Teil der Strömung an den oberen Teil des Tauchrohres und vergrößern damit die für die Wärmeübertragung wirksame Länge des Rohres. Das Rohr c ist gegen Wärmeableitung durch Dichtringe d geschützt und wird durch die Schraube e in dem Stutzen a gehalten. Das Thermometer f wird mit einer Überwurfmutter g gegen einen Sitz gezogen, der in die Schraube e eingedreht ist.

Abb. 2140. Sinertia-Stutzen für Thermometermeßstellen (Schäffer & Budenberg).

Glasthermometer können auch mit verstellbarer Starkstromschaltung, z. B. zum Geben von Signalen, ausgerüstet werden. Bei der von Schäffer & Budenberg G. m. b. H. entwickelten Bauart sind in einem gemeinsamen

Glasrohr zwei Skalen übereinander angeordnet. Die untere Skala dient der eigentlichen Messung, die obere dagegen nur zur Einstellung. Ein Zeiger wird auf die Temperatur eingestellt, bei der das Gerät schalten soll. In dem oberen Teil des Glaseinsatzes des Thermometers befindet sich eine kleine Zahnstange a (Abb. 2141) aus einem unmagnetischen Sonderwerkstoff, über der eine Hülse b aus weichem Eisen gleitet. Vor der Hülse b liegt ein Anker c aus weichem Eisen, der mit einem Finger d durch einen Schlitz der Hülse b greifen kann. Der Finger d ruht im allgemeinen in einer Zahnlücke der Zahnstange a, in die er durch die Kraft der Stahlfeder f gepreßt wird. An der Hülse b ist außerdem der Einstellzeiger g befestigt, der auf die Einstellskala weist. An der Rückseite trägt die Hülse b den Schaltdraht h, der durch die Glascapillare bis zum Quecksilberspiegel des Thermometers hinunterreicht. Der Zahnstange a wird der Strom von außen durch eine gasdichte Einschmelzung zugeführt. Er fließt alsdann über den Finger d, die Feder f, die Hülse b und den Schaltdraht h zum Quecksilberspiegel des Thermometers. Von hier aus gelangt der Strom durch eine zweite gasdichte Einschmelzung zum zweiten Pol. Durch die Anpreßkraft der Feder f wird ein dauernd guter Stromschluß an der Einstellvorrichtung sichergestellt. Die Hülse b und damit der Schaltdraht h werden von außen durch einen Magneten verstellt, der von Hand an das Thermometer geführt wird. Unter dem Einfluß der magnetischen Kraft wird der Anker c angezogen, der den Finger d aus der Zahnstange a löst. Wird jetzt der Magnet aufwärts oder abwärts bewegt, so kann er die Hülse b mitnehmen. Um die Wärme des Öffnungsstromes schnell abzuführen, ist das Thermometer mit Gasen von hoher Wärmeleitfähigkeit gefüllt. Bei unmittelbarer Schaltung können bei Spannungen bis 220 V Schaltleistungen bis 8 W zugelassen werden. Bei höheren Schaltleistungen werden Schaltschütze vorgesehen.

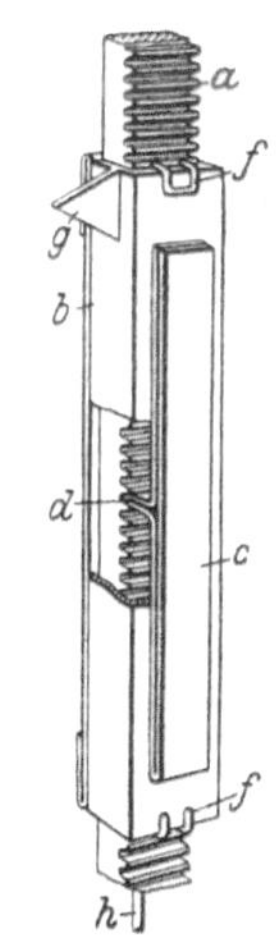

Abb. 2141.
Verstelleinrichtung für Glasthermometer mit Starkstromschaltung (Schäffer & Budenberg).

Die einfachen Flüssigkeitsthermometer haben den Nachteil, daß sie sich zur stetigen Fernübertragung der Anzeige nicht eignen, und daß das Anzeigegerät demnach nicht an einem zentralen Meßstand angebracht werden kann.

Mit Hilfe der Flüssigkeitsdruckthermometer, die auch als Flüssigkeitsfederthermometer bezeichnet werden, läßt sich die Temperaturanzeige bis auf eine Entfernung von etwa 50 m mit einem Meßbereich bis etwa 500° übertragen. Der Temperaturfühler besteht aus einem Tauchrohr, das mit Quecksilber oder mit einer anderen Flüssigkeit gefüllt und durch eine Capillarleitung oder durch einen starren Schaft mit einem Federmanometer verbunden ist. Als Meßfeder dient im allgemeinen eine spiralförmig gewundene Stahlfeder von flachem Querschnitt (*Bourdon*-Feder). Entsprechend der jeweiligen Temperatur ändert sich das Volumen der Flüssigkeitsfüllung, so daß sich die Membranfeder, die das Zeigertriebwerk einstellt, mehr oder weniger durchbiegt. Um den Nullpunkt des Federthermometers verändern zu können, ist an dem Federgehäuse eine Verstellvorrichtung angebracht. Die normale Betriebstemperatur soll möglichst in das dritte Viertel der Einteilung fallen. Die Genauigkeit der Flüssigkeitsdruckthermometer ist, besonders bei größeren Entfernungen, nicht so groß wie die der einfachen Flüssigkeitsthermometer. Sie müssen unter diesen Bedingungen öfters nachgeeicht werden. — Ist die Entfernung zwischen Fühler und Anzeigegerät verhältnismäßig lang oder führt die Leitung durch Räume mit stark schwankenden Temperaturen, so wird parallel zur eigentlichen Meßleitung eine Ausgleichsleitung verlegt, die jedoch nicht mit der Temperaturmeßstelle verbunden ist. Diese Leitung ist mit einer im Thermometergehäuse untergebrachten Berichtigungsfeder verbunden, die der Meßfeder entgegengeschaltet ist. Diese Feder gleicht die Bewegungen der Meßfeder aus, die infolge von Temperaturunterschieden in der Leitungsstrecke und in der Meßfeder entstehen.

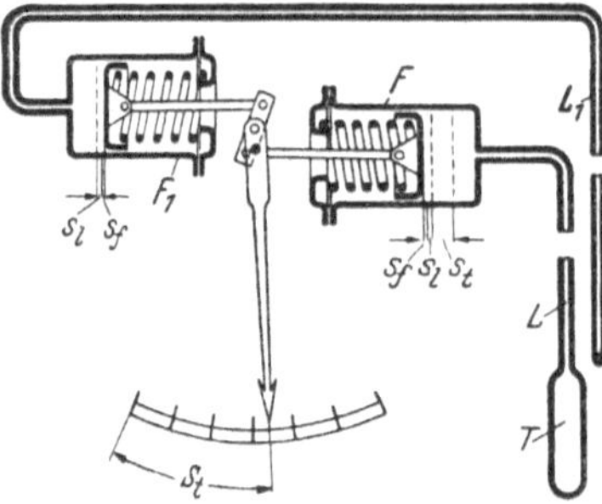

Abb. 2142. Schema des vollkommenen Ausgleiches des Einflusses von Leitung und Feder durch Doppelleitung und Ausgleichsmeßwerk für ein Flüssigkeitsdruckthermometer.

Um den Ausgleich zu erzielen, wird, wie Abb. 2142 schematisch zeigt, neben der Verbindungsleitung L eine zweite Verbindungsleitung L_1 verlegt, die im Gegensatz zu L blind verschlossen ist. Der Kolben F macht den der Volumenzunahme des Quecksilbers im Thermometerfühler T entsprechenden Weg s_t. Der Hub s_t überträgt sich auf den Zeiger zum Zeigerausschlag S_t. Steigt die Temperatur der Verbindungsleitung und der Thermometerfeder gegenüber der Ausgangstemperatur, so würden außer dem Ausschlag S_t infolge weiterer Volumenzunahme zusätzliche Ausschläge entstehen, und zwar der Ausschlag s_l infolge der Ausdehnung des in der Verbindungsleitung L enthaltenen Quecksilbers und der Ausschlag s_f entsprechend der Ausdehnung der in der Feder F enthaltenen Quecksilbermenge. Die zweite Leitung L_1 steht im Zusammenhang mit einer Thermometerfeder F_1, die genau symmetrisch zur Thermometerfeder F ausgebildet ist. Das Übertragungsgestänge ist dabei so gestaltet, daß der Zeiger den Unterschied zwischen den Wegen der beiden Thermometerfedern, also den Weg s_t, anzeigt.

Abb. 2143. Ausführung eines Flüssigkeitsdruckthermometers mit vollkommener Ausgleichseinrichtung (Schäffer & Budenberg). Die Zahlenscheibe ist abgenommen.

— Die wirkliche Ausführung eines Thermometers mit vollkommener Ausgleichseinrichtung (Schäffer & Budenberg G. m. b. H.) zeigt Abb. 2143.

Mehrere Tauchschäfte (Fühler) mit verschiedenartigen Ausführungen der zugehörigen Armaturen für Flüssigkeitsdruckthermometer sind auf Abb. 2144 dargestellt (J. C. Eckardt, Stuttgart).

Quecksilberfederthermometer werden häufig mit Schreibgeräten mit ablaufendem Meßstreifen, mit Trommel- oder Kreisscheibenaufzeichnung ausgerüstet. Sie können außerdem mit elektrischen Kontaktvorrichtungen ausgeführt werden.

Die **Ausdehnungsstabthermometer**, die sich besonders für den Bereich höherer Temperaturen bis etwa 700° oder teilweise auch bis 800° eignen, benutzen den Ausdehnungsunterschied zweier Stäbe aus verschiedenen Werkstoffen, meist Metallen, zum Messen der Temperatur. Der Ausdehnungskörper mit der größeren Ausdehnungszahl wird dabei in der Regel als äußeres Schutzrohr ausgeführt, das in seinem Innern den zweiten Stab enthält. Häufig wird einer der beiden Ausdehnungsstäbe aus Graphit ausgeführt, das sich in der Wärme nur wenig ausdehnt. Als Werkstoff für den zweiten Stab wird in diesem Fall meist Stahl in Form eines Rohres verwendet, das den durch eine Feder angedrückten Graphitstab beweglich enthält. Ein Hebelwerk überträgt die Längenänderungen auf den Zeiger. Da die beiden Stäbe erst die richtige Temperatur anzeigen, wenn sie in allen Teilen auf die Meßtemperatur erwärmt sind, ist die Anzeigeträgheit größer als bei den Flüssigkeitsthermometern. — Verschiedene Einbauarten von Graphitthermometern (J.C. Eckardt) zeigt Abb. 2145.

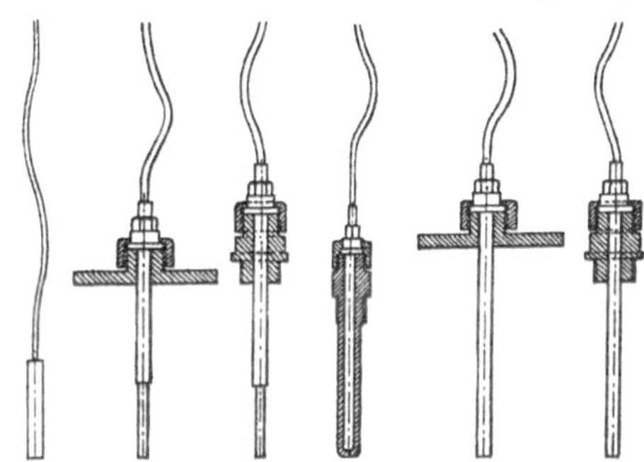

Abb. 2144. Tauchschäfte für Fernthermometer (Eckardt).

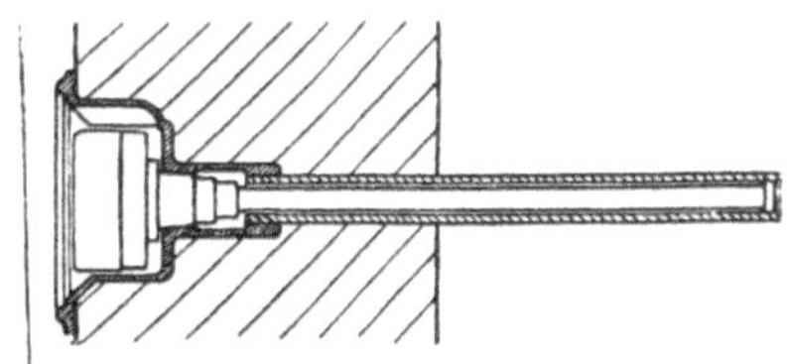

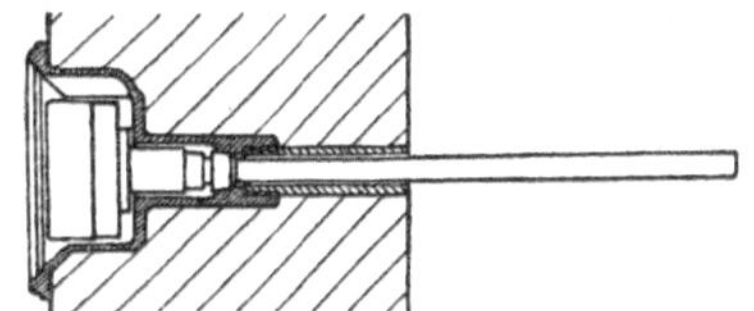

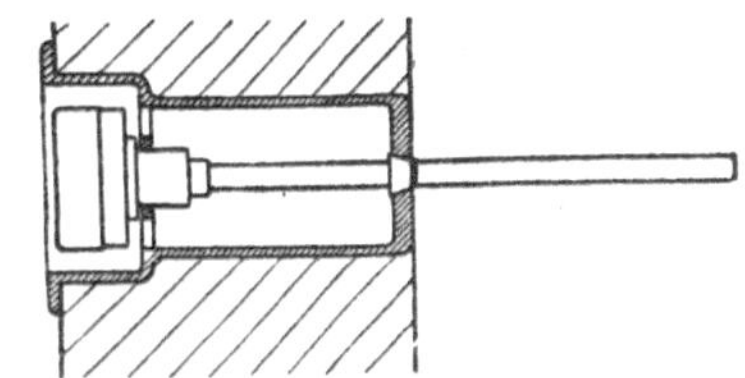

Abb. 2145. Einbau von Graphitthermometern in Öfenwänden (Eckardt).

Neben den Ausdehnungsstabthermometern, die aus zwei gleichmittig oder parallel angeordneten Ausdehnungskörpern bestehen, gibt es auch Geräte, die zwei miteinander fest verbundene Streifen verschiedener Metalle (Bimetallstreifen) benutzen. Bei Temperaturänderungen biegt sich dieser Körper infolge der verschiedenen Längenänderungen durch. Das Gerät wird jedoch selten als Temperaturmesser, dagegen bisweilen als Fühler für Temperaturregler (s. d.) verwendet.

Die elektrisch arbeitenden **Widerstandsthermometer** werden für Temperaturen von beliebig tiefen Minuswerten bis etwa 500° verwendet. Sie eignen sich ganz besonders zur Fernübertragung der Messung. Das eigentliche Temperaturmeßgerät besteht aus einer Platinspirale, die in ein kleines Quarz- oder Hartglasrohr eingeschmolzen

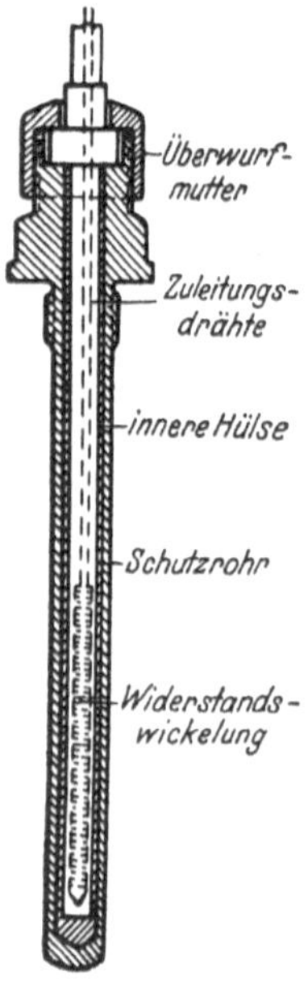

Abb. 2146. Schnitt durch einen Temperaturfühler eines Widerstandsthermometers (Schäffer & Budenberg).

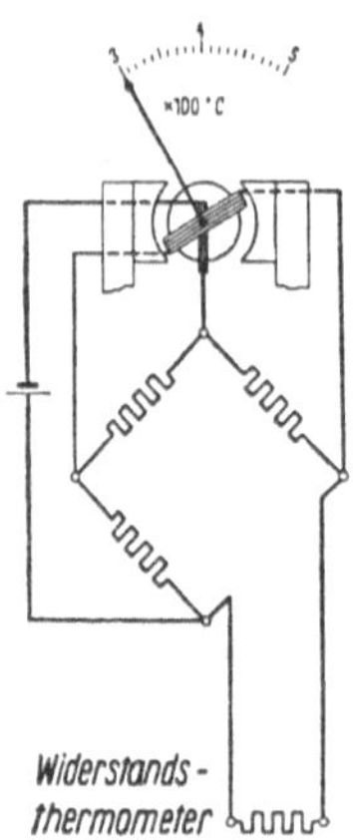

Abb. 2147. Anordnung eines Widerstandsthermometers in spannungsunabhängiger Brückenkreuzspulschaltung (Siemens & Halske).

ist; dieses wird durch ein weiteres Rohr aus geeigneten Werkstoffen gegen chemischen Angriff, Druck- oder Strömungsbeanspruchungen usw. geschützt. Einen Querschnitt durch einen derartigen Temperaturfühler eines elektrischen Thermometers (Schäffer & Budenberg G. m. b. H.) zeigt Abb. 2146. Infolge des geringen Wärmeleitwiderstandes und der kleinen Massen sprechen solche Geräte mit sehr geringen Verzögerungen an, wenn sich die Temperaturen an der Meßstelle ändern. Die Strombelastung der Widerstandswicklung wird sehr klein gehalten, so daß ein Anwärmfehler nicht auftreten kann. Auch diese Thermometer werden mit verschiedenen Armaturen, z. B. mit Einbauflanschen, Verschraubungen usw., geliefert.

Der Widerstand der Meßspirale steigt mit der Temperatur und wird mit einem elektrischen Gerät gemessen. Das Anzeige- oder Schreibgerät wird in Grad geeicht. Zur Messung des Widerstandes dienen vorwiegend Kreuzspul- oder Brückenkreuzspul-Meßwerke, die von der jeweiligen Spannung unabhängig sind, so daß es nicht erforderlich ist, die Spannung mit besonderen Vorrichtungen auf unveränderlicher Höhe zu halten. Die Schaltung eines derartigen Widerstandsthermometers von Siemens & Halske, Berlin-Siemensstadt, zeigt in der üblichen Brückenanordnung Abb. 2147.

Auch bei dieser Bauart können Fehler durch den Widerstand der Leitungen auftreten, die Temperaturfühler und Anzeigegerät verbinden. Bei kürzeren Entfernungen bemißt man den Widerstand der Leitungen gegenüber dem Meßwiderstand sehr klein, so daß die Widerstandsänderung der Leitungen auch bei großen Temperaturunterschieden klein bleibt. Da sich der Fernleitungswiderstand erst nach der Verlegung ermitteln läßt, ist ein Ausgleichswiderstand erforderlich. Für die Bemessung der Leitung kann man im allgemeinen einen Leitungsquerschnitt von 1,5 mm^2 als ausreichend ansehen. Bei Entfernungen über 400 m sind etwa 2,5 mm^2 erforderlich. Bei größeren Entfernungen benutzt man besondere Kompensationsschaltungen.

Die Widerstandsthermometer werden austauschbar hergestellt, so daß man mehrere Meßstellen umschaltbar an das gleiche Anzeigegerät anschließen und mit einer einzigen Eichung auskommen kann. Um für alle Thermometer, die zu einem einzelnen Anzeigeinstrument gehören, eine richtige Temperaturangabe zu erhalten, müssen alle Zuleitungen zu den Thermometern genau gleichen Widerstand haben. Mit Hilfe von Regelwiderständen, die in die Leitung eingeschaltet werden, stimmt man sie auf gleiche Werte ab.

Die Anzeigegeräte für elektrische Thermometer werden für Betriebsgeräte rund oder als sogenannte Profilgeräte ausgeführt, bei denen die Lagerung senkrecht liegt. Dadurch wird die Reibung geringer. Außerdem beanspruchen die Instrumente nicht soviel Platz wie die runden Ausführungen. — Durch besondere Einrichtungen am Temperaturanzeiger können kritische Höchst- und Mindesttemperaturen durch sicht- oder hörbare Zeichen gemeldet werden.

Die Frage, wann ein Flüssigkeits- oder ein elektrisches Thermometer zu wählen ist, kann meist nur im Einzelfall entschieden werden. Bei längeren Verbindungsleitungen (etwa über 30 m) verdienen die elektrischen Thermometer in der Regel den Vorzug. Für kurze Entfernungen sind die Flüssigkeitsdruckthermometer billiger, die außerdem meist mechanisch unempfindlicher sind als die elektrischen Thermometer.

Lit.: *A. Gramberg*, Technische Messungen bei Maschinenuntersuchungen und zur Betriebskontrolle (6. Aufl., Berlin 1933, Julius Springer). — *Keinath*, Temperaturmeßgeräte (München 1923, Oldenbourg); Arch. techn. Messen, Lieferung 19 (München 1933, Oldenbourg). — *O. Knoblauch, K. Hencky*, Anleitung zu genauen, technischen Temperaturmessungen (2. Aufl., München 1926, Oldenbourg). — *K. Wheel, H. Ebert*, Fernthermometer (2. Aufl., Halle a. d. S. 1925, Marhold). — *H. Schack*, Geräte und Verfahren zu Temperaturmessungen (Düsseldorf 1929, Verlag Stahleisen). — *F. Wenzel*, Versuche zur Bestimmung des Temperaturmeßfehlers in strömenden Gasen unter dem Einfluß kalter Wände (Doktor-Dissert. Techn. Hochsch. Darmstadt, 1931). — *H. Henning*, Temperaturmessung (Braunschweig 1915, Vieweg). — *A. Ernst, C. Hillburg*, in Chemische Ingenieurtechnik, Bd. I (Berlin 1935, Julius Springer). — Druckschriften der Firmen Siemens & Halske, Berlin-Siemensstadt, und Schäffer & Budenberg G. m. b. H., Magdeburg-Buckau. — Regeln für Meßverfahren bei Abnahmeversuchen. Herausgeg. vom Verein Deutscher Ingenieure, Teil 1, Regeln für Temperaturmessungen (2. Aufl., Berlin 1939, VDI-Verlag).   **Thormann.**

Lit. Chem. Apparatur: Steins „Selbstleuchtende Thermometer" (1914, S. 199). — *B. Block*, Über Fehler, die beim Anwenden der Thermometer entstehen (1923, S. 9, 19). — *Th. Hoffmann*, Achtung auf Thermometer in Aluminiumapparaten! (1927, Beil. Korr., S. 34). — *P. Ssakmin*, Die Gradeinteilung von Millivoltmeter zum Messen von sehr niedrigen Temperaturen (1935, S. 85).

Thermostate, s. Temperaturregler.

Thiokol, ein Kunstkautschuk (Polyäthylenpolysulfid), entsteht durch Umsetzung von Äthylendichlorid und Natriumpolysulfid, unter Abspaltung von Natriumchlorid und anschließender Kondensation. Das Kondensationsprodukt hat makromolekulare Struktur und besitzt nach Zumischung geeigneter Füllstoffe und Chemikalien und anschließender „Vulkanisation" ähnliche Eigenschaften wie Gummi. Thiokol kommt in Form kreppartiger Felle unter der Bezeichnung Thiokol A und als wäßrige Suspension unter der Bezeichnung Thiokol-Latex in den Handel. Von Gummi unterscheiden sich die Vulkanisate aus Thiokol A durch geringere elastische Eigenschaften und durch eine geringere mechanische Festigkeit. Thiokol A ist aber im Gegensatz zu Naturkautschuk äußerst beständig gegen Licht, Ozon und organische Lösungsmittel. Insbesondere sind Thiokol A und seine Vulkanisate auch beständig gegen aromatische Kohlenwasserstoffe wie Benzole, sowie chlorierte Kohlenwasserstoffe. Salzsäure, Schwefelsäure bis 60° Bé und organische Säuren greifen Thiokol ebenfalls nicht an. Es ist bedeutend wasserfester und gasundurchlässiger als Naturkautschuk und sehr alterungsbeständig. Starkes Alkali verhärtet Thiokol A. — Thiokol A findet Verwendung zur Herstellung von Weichgummiwaren wie öl- und treibstoffeste Schläuche, Dichtungen, Profile, Manschetten usw. Wegen seiner isolierenden Eigenschaften und seiner Wasserfestigkeit wird Thiokol A auch in der Kabelindustrie verwendet. — Thiokol-Latex ist eine wäßrige Suspension von Thiokol, die mittels Pinsel oder Spritzpistole aufgetragen werden kann. Nach dem Trocknen entstehen dichte, weichgummiartige Filme, die ebenfalls hochlösungsmittelbeständig sind und ähnliche Eigenschaften aufweisen wie die aus Thiokol A hergestellten Vulkanisate. Thiokol-Latex kann im vulkanisierten als auch im unvulkanisierten Zustand angewandt werden, und zwar zur Herstellung von säure- und korrosionsfesten Überzügen auf Holz, Eisen, Mauerwerk und Beton, sowie zur Auskleidung von Behältern für Treibstoffe, Säuren usw. — Anwendungsbereich von Thiokol A und Thiokol-Latex liegt zwischen —20 und +80°.

Lit.: *G. Källner*, Chem. Fabrik 1939, S. 418. — *G. Proske*, Z. angew. Chem. 1939, S. 344. — *E. Weihe*, Kunststoffe 1938, S. 139. — *O. Kölbl*, Gummi-Ztg. 1939, S. 1101, 1118, 1134.

Ra.

Thomasstahl, s. Eisen-Kohlenstoff-Legierungen.

Tiefkühlvorrichtungen, s. Kältemaschinen, Gasverflüssigungsapparate.

Tiegelgußstahl, s. Eisen-Kohlenstoff-Legierungen.

Tillit, s. Gummi.

Tombak, s. Messinge.

Tonwaren, s. Keramische Werkstoffe.

Tornesit, s. Schutzüberzüge (S. 1529).

Tourills, s. Keramische Werkstoffe (S. 830).

Tränkapparate, s. Imprägnierapparate.

Trennsäulen, s. Destillierapparate, Kolonnenapparate, Rektifizierapparate.

Trichtermühlen. Nicht jede Mühle mit einem mehr oder weniger konischen Aufgabetrichter ist als Trichtermühle zu bezeichnen; man versteht darunter vielmehr ausschließlich Mühlen für die Naßverarbeitung (d. h. Naßvermahlung) mit kegelförmigen Metall-Mahlteilen oder flachen Mahlscheiben aus Hartporzellan, Granit usw. als Mahlorgane. Die öfters anzutreffende Bezeichnung Kegel(farb)mühlen für Trichtermühlen ist daher nur bedingt richtig. Ein weiteres Merkmal besteht darin, daß sowohl der Mahlring (oben) als auch der Mahlkegel bzw. die Mahlscheibe (unten) mit besonderen Mahlrillen ausgestattet sind. Durch diese Mahlrillen, die sich nach unten bzw. nach außen verjüngen, d. h. in einer feinen Spitze auslaufen, wird das Mahlgut dem äußeren Rand der Mahlorgane zugeführt, wobei die Vermahlung an der Stelle, an der Mahlkegel und Mahlring sich berühren bzw. aufeinander eingeschliffen sind, stattfindet, d. h. hier wird das Mahlgut zerkleinert, zerschnitten und vermahlen. Die Feinmahlung kann dadurch reguliert werden, daß der Mahlkegel bzw. die Mahlscheibe verstellbar angeordnet ist und mehr oder weniger fest an den Mahlring angepreßt werden kann.

Abb. 2148 zeigt einen Schnitt durch ein Paar kegelförmige Metall-Mahlteile, d. h. durch den Kegel und den darüber befindlichen Mahlring (Reibring), ohne Trichter. Je nach der Bauart der Mühle kann entweder der Mahlring mit dem Trichter zusammen abgenommen oder, bei empfindlichen Mahlscheiben, am Mühlenkörper zurückgeklappt werden. Der Mahlkegel bzw. die Mahlscheibe ist ebenfalls abnehmbar vorgesehen.

Die gebräuchlichsten Trichtermühlen besitzen kegelförmige Mahlorgane aus einer besonders dichten zähharten Spezialguß- oder Hartgußlegierung. Die kegelförmigen Mahlteile haben den Vorzug, daß das Mahlgut zwangsläufig durch die in den Mahlteilen vorgesehenen, sich nach außen verjüngenden Rillen in die Mahlzone geführt und dort auf das feinste vermahlen wird. Eine Abstreiffeder, die außerhalb am sog. Umlaufkanal oberhalb des Auslaufes angebracht ist, sorgt dafür, daß das heraustretende fertige Mahlgut abgenommen wird.

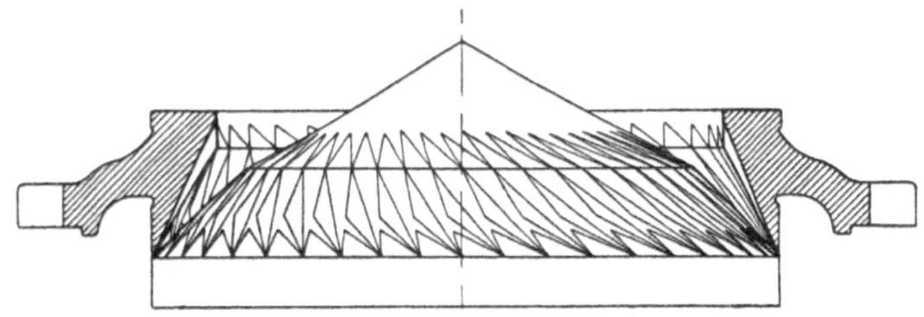

Abb. 2148. Schnitt durch Mahlring und Mahlkegel (Werkzeichnung Spangenberg).

Für die Verarbeitung von Farbmassen, die keinerlei Erwärmung vertragen, d. h. zu einem Farbumschlag neigen, werden die Trichtermühlen bzw. die Mahlteile mit Wasserkühlung versehen. Am zweckmäßigsten ist die sog. Intensivwasserkühlung, die sich unmittelbar im Mahlring befindet. Eine Wasserkühlung ist aber auch bei der Verarbeitung von Nitrocelluloselackfarben sowie Spritlackfarben usw. zu empfehlen, die bekanntlich durch die infolge der Reibung entstehende Wärmebildung zum Antrocknen oder gar Anbrennen neigen.

Farbmassen, die leichtflüchtige Lösungs- und Verdünnungsmittel enthalten, werden zweckmäßig auf vollständig geschlossenen bzw. gekapselten Trichtermühlen verarbeitet. In diesem Falle ist dann für den Trichter ein abnehmbarer Deckel vorgesehen, während der Umlaufkanal vollständig dicht abgeschlossen und der Auslauf ebenfalls mit einem evtl. abnehmbaren Deckel versehen ist.

Zur Kontrolle der Mahlarbeit bzw. der Abnahme des Mahlgutes wird die Mühle zweckmäßigerweise an der Abstreiffeder mit einem ausschiebbaren Fenster ausgestattet. Abb. 2149 zeigt eine derartige Trichtermühle in vollständig geschlossener Spezialausführung mit Intensivwasserkühlung.

Für die Verarbeitung sehr harter Pigmente oder von Farbmassen wie Lederlackfarben usw., die eine außerordentlich hohe Feinmahlung aufweisen müssen, werden die sog. Spezial-Doppel-Trichtermühlen verwendet, die den Vor-

zug haben, daß in einem Mahlgang das Mahlgut zweimal abgerieben wird; etwa
50 Proz. der sonst für das zweimalige Mahlen erforderlichen Zeit wird gespart.

Abb. 2150 zeigt eine derartige Mühle; der Antrieb
dieses Doppelaggregates erfolgt durch eine Fest-
scheibe, aber beide Arbeitsmaschinen können unabhängig voneinander durch Spezialkupplungen in
und außer Betrieb genommen werden. Durch diese
doppelte Anordnung wird in gewisser Beziehung
die verhältnismäßig geringe Leistung dieser Trichtermühlen kompensiert.

Nun gibt es auch Farbmassen, die selbst oder
deren Lösungs- und Verdünnungsmittel gegen Metalle empfindlich sind und deshalb nach Möglichkeit mit Metallen nicht in Berührung kommen
dürfen. Für diese Zwecke wurden Trichtermühlen
mit sog. Hartporzellan-Mahlteilen geschaffen, die
entweder aus einzelnen Segmenten zusammen-
gekittet sind oder aus sog. Vollhartporzellan bestehen. Bei der ersteren Ausführung müssen die
Mahlteile von Zeit zu Zeit frisch nachgeschärft
werden, auch ist zu beachten, daß unter Umständen die Kitt- und Füllmasse durch die Essigsäure der Acetat-Zellulose-Lackfarben usw. auf-

Abb. 2149. Trichtermühle,
geschlossen, mit Kontroll-
fenster; betriebsfertig
(Werkphoto Spangenberg).

gelöst und dadurch das Mahlgut verunreinigt werden kann. Die Vollhartporzellan-Mahlteile vermeiden diese Gefahr, auch fällt bei ihnen das stän-
dige frische Nachschärfen der Mahlrillen fort. Auch Trichtermühlen mit
Hartporzellan-Mahlteilen werden je nach dem Verwendungszweck in vollständig geschlossener Ausführung mit oder ohne Intensivwasserkühlung
gebaut. Abb. 2151 zeigt eine Trichtermühle mit zurückgeklapptem Mahlring

Abb. 2150. Doppeltrichtermühle
(Werkphoto Spangenberg).

Abb. 2151. Trichtermühle mit zurückgeklapptem Mahlring und Trichter
(Werkphoto Spangenberg).

und Trichter mit Vollhartporzellan-Mahlteilen in geschlossener bzw. gekapselter Ausführung mit Intensivwasserkühlung. Außerdem ist, wie ersichtlich, diese Mühle noch mit einem neuartigen Mischwerk mit Zubringer ausgestattet, das vor allen Dingen das Material stets in Wallung hält, so daß sich keine spezifisch schweren Farbteilchen nach unten absetzen können, also eine möglichst gleichmäßige Verteilung gewährleistet wird. Der oberhalb der Mahlscheibe vorgesehene Zubringer befördert das Mahlgut in die Mahlrillen, was zumal bei den flachen Hartporzellan-Mahlscheiben besonders wichtig ist. Das Mischwerk ist abnehmbar angeordnet.

An Stelle der Vollhartporzellan-Mahlteile können die Trichtermühlen ohne weiteres auch mit Granit-Mahlteilen ausgestattet werden, jedoch haben sich diese in der Praxis nicht so besonders bewährt, weil sie sich häufig an den Reibflächen polieren, wodurch die Griffigkeit und namentlich die Mengenleistung zurückgeht. — Natürlich kann an Stelle der Wasserkühlung auch Warmwasserheizung, je nach dem Verwendungszweck, vorgesehen werden.

Die Verwendungsmöglichkeit von Trichtermühlen ist außerordentlich vielseitig. Zumal wenn es sich um die Herstellung kleinerer Mengen handelt, haben sich die Trichtermühlen ganz besonders bewährt. Auch zeichnen sie sich durch eine außerordentlich hohe Feinmahlung aus, und mit Vorliebe werden Öl-, Lack- sowie auch Tiefdruckfarben mit besonders harten Pigmenten darauf hergestellt. Die Leistungsfähigkeit steht etwa im proportionalen Verhältnis zur Feinmahlung, d. h. je höher der Feinheitsgrad, desto geringer die Leistung.

Mit Trichtermühlen ist man in der Lage, nicht nur mehr oder weniger pastöse Massen abzureiben, sondern auch dünn- bis dickflüssige Farbmassen aller Art zu verarbeiten; auch als sog. Creme-Trichtermühlen werden sie in der kosmetischen und pharmazeutischen Industrie für die Herstellung der verschiedenartigsten Salben und Cremes verwendet, wobei diese Cremes keine allzu große Konsistenz aufweisen sollen. Die Zündholzindustrie verwendet Trichtermühlen als sog. Massemühlen für die Herstellung der bekannten Zündholzmasse für die Köpfchen der Zündhölzer.

In Laboratorien der Lack-, Farben- und chemischen Fabriken sind kleine Trichtermühlen kaum wegzudenken, und es wurde hier auch der Antriebsfrage besondere Aufmerksamkeit geschenkt; z. B. wird ein Aggregat von zwei Mühlen auf einer Grundplatte montiert, von dem die eine Mühle Mahlteile aus Metall, die andere aus Vollhartporzellan aufweist; beide Mühlen werden von einem kleinen Elektromotor angetrieben (System Spangenberg). Die großen Trichtermühlen werden im Bedarfsfall gegebenenfalls mit Einzelantrieb, und zwar hier zweckmäßig mit angeflanschtem Spezialgetriebemotor verwendet, wobei u. a. auch eine Trichtermühle entwickelt wurde, bei welcher der Getriebe-Antriebsmotor gleichzeitig als Standfuß ausgebildet ist.

Trockenöfen, s. Trockner.   Schöffel.

Trockner haben die Aufgabe, einen meist verhältnismäßig geringen Wassergehalt pastenartiger, zähflüssiger oder fester Stoffe durch Wärmezufuhr bis zu einer bestimmten Grenze zu vermindern, die durch die weitere Verwendung oder Verarbeitung oder auch aus anderen Gründen gegeben ist. Zahlreiche

Güter, besonders pflanzlicher und tierischer Herkunft, müssen getrocknet werden, um sie für eine längere Lagerung oder für den Handelsverkehr haltbar zu machen, wobei gleichzeitig Rauminhalt und Gewicht auf einen Bruchteil zusammenschrumpfen. Zur Erhaltung von Nahrungsmitteln und pflanzlichen Erzeugnissen genügt meist eine Trocknung bis auf etwa 10 bis 15 Proz., um diese für eine längere Lagerzeit dauerhaft zu machen. Viele Güter, besonders solche pflanzlichen Ursprungs und wasserlösliche Salze, setzen sich mit dem Wasserdampfgehalt der umgebenden Außenluft in ein Gleichgewicht. Es hat selten Zweck, diese Gleichgewichtsfeuchtigkeit zu unterschreiten, da Stoffe dieser Art aus der umgebenden Luft wieder Wasser aufnehmen, wenn sie über diesen Feuchtigkeitsgehalt getrocknet werden. Zahlreiche chemische Umsetzungen erfordern nahezu wasserfreie Ausgangsstoffe. Andere Güter lassen sich nur im feuchten Zustand verarbeiten oder herstellen und müssen dann vor der weiteren Verwendung wieder getrocknet werden, wie z. B. bestimmte Leinengarne, Wollfilzwaren, Furniere, Streichhölzer, Spanschachteln und ähnliche Holzwaren.

Wird einer Flüssigkeit durch Ausdampfen nur so viel Wasser entzogen, daß sie flüssig bleibt, so benutzt man hierzu Verdampfapparate (s. Verdampfer). Ist der Wasserdampfanteil aus Gasen oder Gasgemischen zu entfernen oder zu vermindern, so kann dieser Vorgang, der bisweilen auch als Trocknung bezeichnet wird, durch Kühlung (s. Kühler), durch Absorption (s. Absorptionsapparate) oder durch Adsorption (s. Adsorptionsapparate) durchgeführt werden.

Um den zum Trocknen notwendigen Wärmeaufwand zu verringern, entwässert man das zu trocknende Gut vorher möglichst weitgehend durch mechanische Verfahren, was je nach den Eigenschaften und dem Wassergehalt des Gutes durch Abtropfvorrichtungen (s. d.), Filter (s. d.), Pressen (s. d.) oder Schleudern (s. d.) geschehen kann.

Einfluß der Eigenschaften des Gutes. Das Wasser kann in verschiedenen Formen im Gut verteilt oder gebunden sein. Nichtwasserlösliche Stoffe, z. B. wasserunlösliche Mineralien, führen die Feuchtigkeit vorwiegend als Oberflächenwasser mit, die auf den Außenflächen und in den Spalten oder Zwischenräumen des Gutes lose haftet. Reines Oberflächenwasser läßt sich durch Wärmezufuhr leicht verdampfen, wobei die Dampfspannung dem zur gleichen Temperatur gehörigen Sättigungsdruck entspricht. Der Wassergehalt je Kilogramm Trockenstoff ist besonders bei grobkörnigem Gut sehr gering, wenn lediglich solches Oberflächenwasser vorhanden ist.

Enthält das Gut wasserlösliche Bestandteile, so ist die bei einer gegebenen Temperatur entstehende Dampfspannung niedriger als die Sattdampfspannung des reinen Wassers. Diese Stoffe müssen daher höher erwärmt werden. — In Gütern pflanzlichen Ursprungs ist das Wasser in Zellen eingeschlossen und wird während der Trocknung durch Diffusion nach außen gefördert. Das in Kolloiden vorhandene Quellwasser kann nur sehr langsam nach außen gelangen. Solche Stoffe, wie z. B. Leim, erfordern daher besonders lange Trockenzeiten.

Für die Gestaltung des Trockners ist die äußere Form oder der Zustand des Trockengutes wichtig, der in der Trockentechnik pulverförmig, kleinstückig, großstückig, krystallin, plattenförmig, faserartig oder bandförmig sein kann, sofern es sich nicht um geformte Erzeugnisse handelt.

Die Wahl und Durchführung eines Trockenverfahrens hängt wesentlich von der Empfindlichkeit des Gutes gegen Temperatureinflüsse ab. Güter pflanzlichen und tierischen Ursprunges erleiden durch hohe Temperaturen Verluste an den natürlichen, wertvollen Eigenschaften infolge von Zersetzungen, deren Grad von der Zeit abhängt und mit zunehmender Einwirkungsdauer größer wird. Solche Güter können daher mit kurzer Trockendauer und höheren Temperaturen oder langsam mit niedrigen Temperaturen getrocknet werden. In einzelnen Fällen können lange Trockenzeiten mit niedrigen Temperaturen schädigende Vorgänge biochemischer Art hervorrufen. Für die Verarbeitung solcher Stoffe sind kurze Trockenzeiten mit hohen Temperaturen zweckmäßig.

Damit der Weg, den die Feuchtigkeit aus dem Innern des Gutes bis zur Oberfläche zurückzulegen hat, möglichst klein ist, und damit für den Stoff- und Wärmeaustausch mit der erwärmten Luft große Flächen zur Verfügung stehen, wird großstückiges Gut oft vorher zerkleinert oder in eine geeignete Form zerteilt. Seifenmassen, pastenartige Farbstoffzwischenerzeugnisse werden z. B. vor dem Trocknen in Bänder oder Streifen oder ähnliche flache Stücke zerlegt, Gummi trocknet man in Plattenform, Leim wird vor dem Trocknen in Perlenform gebracht oder in dünne Tafeln geschnitten. Kartoffeln, Obst, Gemüse und sonstige pflanzliche Erzeugnisse werden zerschnitzelt. Bilden Krystalle Klumpen, so müssen diese vor der Trocknung zerkleinert werden.

Der Stoffaustauschvorgang. Um die in einem wasserhaltigen Gut vorhandene Feuchtigkeit durch unmittelbare Wärmezufuhr zu entfernen, muß es mindestens auf 100° erhitzt werden, wenn das in dem Gut vorhandene Wasser unter Atmosphärendruck abdampfen soll. Solche Verhältnisse, bei denen das Gut Temperaturen über 100° annimmt, kommen nur bei der Feuergastrocknung und teilweise auch bei der Trocknung durch unmittelbare Wärmezufuhr mit Hilfe von beheizten Flächen vor. Stoffe pflanzlichen und tierischen Ursprungs und zahlreiche organische Chemikalien, die hohe Temperaturen nicht oder nur kurzzeitig vertragen, werden dadurch getrocknet, daß ein warmer Luft- oder Gasstrom über das Gut geführt wird, dessen Teildampfdruck kleiner ist als der Teildampfdruck des Gutes (Lufttrocknung). Ein anderes Verfahren, die Trocknungstemperatur zu senken, beruht darauf, daß man den Druck, der auf dem Gut lastet, vermindert, indem man das Gut in ein luftdichtes Gefäß bringt, das an eine Luftpumpe angeschlossen ist und mit Einrichtungen zur Wärmezufuhr versehen ist (Vakuumtrocknung). Diesen drei Möglichkeiten der Wasserauftrocknung entsprechend unterscheidet man die Feuergastrocknung, die Lufttrocknung und die Vakuumtrocknung.

Um den zu entfernenden Wasseranteil aus dem feuchten Gut durch Lufttrocknung zu verdampfen, muß dieses zunächst auf die Temperatur, die dem zur Wasserdampfabgabe notwendigen Dampfteildruck an der Oberfläche des Gutes entspricht, erwärmt werden. Dann ist die Verdampfungswärme aufzubringen, deren Gesamtbetrag der auszudampfenden Wassermenge proportional ist. Die Wärme kann dabei von außen in entgegengesetzter oder in gleicherRichtung, bezogen auf die Bewegung des an die Oberfläche dringenden Wassers, zugeführt werden. Bei der Lufttrocknung haben Wasser und Wärme entgegengesetzte Strömungsrichtungen, da die Luft in der Regel erwärmt wird und auf diese Weise gleichzeitig als Wärmeträger dient.

Die im Gut vorhandene Feuchtigkeit ist zu Beginn der Trocknung in diesem im allgemeinen gleichmäßig verteilt. Sobald die Trocknung in der Apparatur durch Verdampfen oder Verdunsten an der Oberfläche einsetzt, muß die Feuchtigkeit aus dem Innern des Gutes durch reine Capillarwirkung, durch Diffusion des Wassers, durch Dampfdiffusion oder auch durch reine Dampfströmung an die Oberfläche wandern. Diese Feuchtigkeitsbewegung bezeichnet man auch als inneren Trocknungsvorgang. Um die Bewegung der Feuchtigkeit zu unterstützen, hat *S. Kiesskalt* (Z. VDI 1934, S. 217) vorgeschlagen, der Trockenluft regelmäßige Druckschwankungen aufzuzwingen, die sich als eine Art Atmung in die Poren des zu trocknenden Gutes fortpflanzen und damit zusätzliche Oberflächen zur Trocknung heranziehen (Pulsationstrocknung).

Der Vorgang der Entfernung der Feuchtigkeit von der Oberfläche des Gutes beruht, wenn wir hier von der Vakuumtrocknung absehen, auf der Diffusion des Wasserdampfes durch eine Luft- oder Gasgrenzschicht, die an der Oberfläche des Gutes haftet, in die umgebende Luft. Von dort wird der Wasserdampf durch Konvektion mit der Luft- oder Gasströmung fortgetragen. Die Dicke dieser Grenzschicht, durch die der Wasserdampf, der aus der Oberfläche des Gutes austritt, hindurchdiffundieren muß, hängt, abgesehen von der Beschaffenheit der Oberfläche des Gutes, wesentlich von der Geschwindigkeit der darüber hinwegstreichenden Gas- oder Luftströmung ab. Je größer diese Geschwindigkeit ist, um so dünner wird die Grenzschicht sein. Die aus dem Gut während der Trocknung austretenden Wassermengen wachsen daher zwangsläufig mit zunehmender Luft- oder Gasgeschwindigkeit. Diesem Stoffaustauschvorgang ist eine Wärmeübertragung in gleichem Verhältnis überlagert, da das Wasser aus dem Gut nur abdampfen kann, wenn die erforderliche Wärme zugeführt wird. Hierzu ist ein Temperaturunterschied zwischen dem Trockenmittel und dem Gut erforderlich. Der Druck- oder Teildruckunterschied zwischen der Feuchtigkeit im Gut und in der Grenzschicht über der Oberfläche des Gutes ist für die Geschwindigkeit der Wasserdampffortführung maßgebend.

Ist die Oberfläche des Gutes vollständig feucht, so gilt für die Verdunstung der Wassermenge w (kg/m² · std), bezogen auf 1 m² Oberfläche, die Beziehung:

$$w = \frac{\beta}{R \cdot T}\,(P_S - P_L)\,.$$

Dabei bedeuten:

β Verdunstungszahl (m/std),

R Gaskonstante des Wasserdampfes,

T absolute Temperatur (° K),

P_S Sättigungsdruck des Wassers an der Oberfläche (kg/m²),

P_L Teildruck des Wasserdampfes in der Luft (kg/m²).

Ist die Oberfläche schon ausgetrocknet, so daß zusammenhängende Feuchtigkeit erst im Abstande δ, von der Oberfläche aus gemessen, vorhanden ist, so kann die in der Zwischenzeit entweichende Wassermenge bei kleinen Teildrücken und Teildruckunterschieden angenähert aus folgender Beziehung errechnet werden:

$$w = \frac{1}{R \cdot T} \cdot \frac{1}{\dfrac{1}{\beta} + \dfrac{\delta\mu}{K}} \cdot (P_S - P_L)\,.$$

Dabei sind folgende Bezeichnungen benutzt:

K Diffusionszahl von Wasserdampf in Luft (m²/std),
μ Diffusionswiderstand des Trockengutes.

Solange die Oberfläche des Gutes noch Wasser in genügender Menge enthält, nimmt sie die Kühlgrenztemperatur an, die sich für einen gegebenen Luftzustand aus dem i - x - Bild (s. unten) oder durch Versuch mit Hilfe eines befeuchteten Thermometers leicht bestimmen läßt. Hat sich der Wassergehalt an der Oberfläche des Gutes infolge starker Trocknung über eine bestimmte Grenze vermindert, so steigt die Oberflächentemperatur langsam an.

Sind in dem an der Oberfläche des Gutes befindlichen Wasser Stoffe gelöst, die aus dem Gut stammen, so ist zu berücksichtigen, daß der Dampfdruck an den Oberflächen des Gutes dadurch vermindert wird. An den Außenflächen wasserlöslicher Stoffe befindet sich nicht reines Wasser, sondern eine meist gesättigte Lösung, die einen geringeren Dampfdruck aufweist als Wasser von gleicher Temperatur. Unter sonst gleichen Umständen trocknen solche Stoffe also langsamer als Stoffe, die keine wasserlöslichen Bestandteile enthalten.

Während im allgemeinen der Dampfdruck des nassen Gutes der vorhandenen Temperatur oder der Lösung entspricht, gibt es auch Stoffe, die einen Dampfdruck entwickeln, der nach einer bestimmten Gesetzmäßigkeit von der Temperatur und dem Wassergehalt des Gutes abhängt. Diese Erscheinungen beruhen auf einer Adsorptionswirkung und treten besonders bei Textilien, Leder, Mehl usw. auf.

Die durch innere und äußere Bedingungen gegebenen Vorgänge laufen gleichzeitig ab, bis das Gut bei genügend langer Trockenzeit einen gleichmäßigen Feuchtigkeitszustand erreicht hat, der nahezu dem Gleichgewicht zwischen dem Zustand des Trockenmittels und dem Gut entspricht. Dabei kann überwiegend der Widerstand, den die von innen nach außen vordringende Feuchtigkeit im Innern des Gutes zu überwinden hat, d. h. also die inneren Trocknungsvorgänge, die Größe der Trockengeschwindigkeit bestimmen, was z. B. beim Trocknen von Früchten, Holz, keramischen Formlingen usw. oft der Fall ist. Die Oberfläche solcher Güter zieht sich infolge der Trocknung zusammen und kann durch eine zu hohe Trockengeschwindigkeit eine harte Kruste bilden. Dabei können außerdem Zugspannungen entstehen, die Risse verursachen. Hier muß die Trockengeschwindigkeit durch Verringern des Wasserdampfteildruckunterschiedes vermindert werden. In anderen Fällen, z. B. beim Trocknen von Zellstoff, Papier, Chromleder, Geweben usw., dringt das Wasser infolge des faserigen Gefüges des Gutes durch Capillarwirkung und Diffusion sehr leicht an die Oberfläche, so daß die Trockengeschwindigkeit im Mittel vorwiegend von der Abführung des verdampften Wassers an der Oberfläche des Gutes und von der erforderlichen Wärmezufuhr, also von den äußeren Trocknungsbedingungen, und nur im letzten Teil der Trocknung kurze Zeit von den inneren Trocknungsbedingungen abhängt.

Kennzeichnet man die Trockengeschwindigkeit durch die je m² und std ausgetrocknete Wassermenge w (kg/m² · std) und bezeichnen f und f_o den jeweiligen mittleren und den zu Beginn der Trocknung vorhandenen Feuchtigkeitsgehalt (kg/m³), so erhält man für den Verlauf der Trocknung für die meisten Stoffe in Abhängigkeit des Verhältnisses f/f_o Kurven nach Abb. 2152. Für den ersten Teil des Trockenvorganges, in dem entsprechend der abdunstenden Wassermenge von innen Feuchtigkeit durch Capillarwasserbewegung oder Diffusion schnell genug nachdringt und die Oberflächen des Gutes noch ausreichend feucht bleiben, erhält man dann eine unveränderliche Trockengeschwindigkeit entsprechend der Geraden AB, wobei die Lage des Punktes B auch vom Anfangswassergehalt f_0 abhängt. In diesem Abschnitt ist die Trockengeschwindigkeit lediglich von dem Teildruckunterschied zwischen Oberfläche und Luftstrom und der Stoffübergangszahl abhängig. Für ein gegebenes Naßgut wird sie also vorwiegend von Temperatur, Feuchtigkeit und Geschwindigkeit der Trockenluft bestimmt sein. Mit fortschreitender Austrocknung vermindert sich der Wassergehalt an der Oberfläche des Gutes,

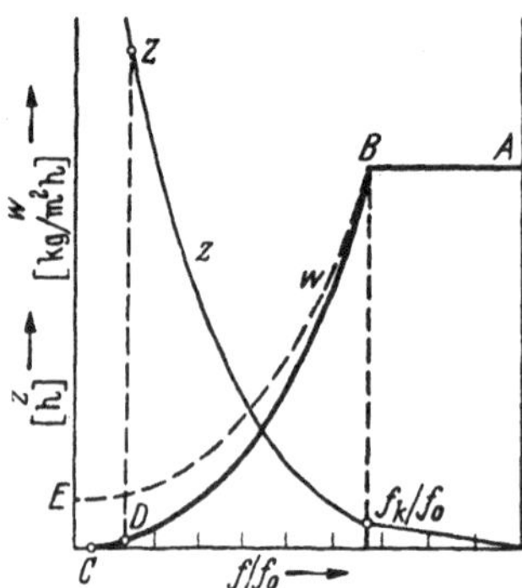

Abb. 2152. Trockengeschwindigkeit und Trockenzeit in Abhängigkeit vom Feuchtigkeitsgehalt des Gutes.

und von einem bestimmten Zeitpunkt an, der dadurch gegeben ist, daß das Wasser von innen nicht schnell genug nachdringen kann und der durch den mittleren Wassergehalt des Gutes f_k bestimmt sei, beginnt die Trockengeschwindigkeit zu sinken, wobei in gleichem Verhältnis auch der Wärmebedarf sinkt. Bleibt die Wärmezufuhr zur Oberfläche des Gutes unverändert, so muß es den Wärmeüberschuß aufnehmen, so daß seine Temperatur steigt. In diesem Abschnitt beeinflußt die Flüssigkeitsleitung zur Oberfläche den Trocknungsvorgang. Hier kommt es daher besonders auf eine Beherrschung der Wärmezufuhr an, damit die Temperaturen des Gutes nicht übermäßig ansteigen. Bei ausreichend langer Trockendauer vermindert sich der Wassergehalt solange, bis Gleichgewicht zwischen dem Gut und dem Trockenmittel erreicht wird. In diesem Zustand, der auf Abb. 2152 durch den Punkt C wiedergegeben sei, wird die Trockengeschwindigkeit sehr klein. Da die Trocknung bis zu diesem Punkt zu lange dauern würde, wird sie in der Regel vorher abgebrochen werden, wenn der mindestens notwendige Feuchtigkeitsgehalt, z. B. im Punkt D, erreicht ist. Der Verlauf der Kurve BC wird von den Eigenschaften des Trockengutes, aber auch von den äußeren Bedingungen, d. h. von dem Teildruckunterschied und der Luftgeschwindigkeit, abhängen. Bei großen Teildruckunterschieden und kleinen Stoffübergangszahlen kann z. B. ein Verlauf nach der Kurve BE möglich sein.

Ist die Trockengeschwindigkeit für das Gut ermittelt, so ist damit auch die Trocknungszeit z gegeben. Bezeichnet δ' die Dicke der Gutschicht, so gilt:

$$w \cdot dz = \delta' \cdot f_0 \cdot d\left(\frac{f}{f_0}\right) \quad \text{und} \quad z = \int_{\frac{f}{f_0}=1}^{\frac{f}{f_0}} \frac{\delta' \cdot f_0}{w} \cdot d\left(\frac{f}{f_0}\right).$$

Der Verlauf der Trockenzeit in Abhängigkeit von dem Wassergehalt des Gutes ist nach dieser Beziehung für ein beliebiges Beispiel in Abb. 2152 eingetragen. Sie erreicht also den durch Punkt Z gegebenen Wert. Je nach den Diffusionseigenschaften des Gutes und nach den äußeren Trocknungsbedingungen weicht der Verlauf der Kurven für ein bestimmtes Trockengut mehr oder weniger von dem auf Abb. 2152 dargestellten Beispiel ab. Auch im ersten Abschnitt wird die Trockengeschwindigkeit nicht immer unveränderlich sein, da sich die Diffusionsbedingungen für die Feuchtigkeit im Gut allmählich ändern.

Die Trockengeschwindigkeit kann durch zusätzliche Wärmezufuhr, z. B. durch Lagerung des Gutes auf beheizten Platten, teilweise erhöht werden. Für leicht zu trocknende Stoffe liegt die Trockengeschwindigkeit in dem Abschnitt, in dem diese als unveränderlich anzusehen ist, unter den in Trocknern oft vorkommenden Bedingungen etwa in der Größenordnung von 0,3 bis 3,0 kg/m²·std. Genaue Zahlen für einen bestimmten Stoff lassen sich nur durch Versuche ermitteln, wobei die Bedingungen für den Stoffaustausch den Verhältnissen der Großapparatur angeglichen werden müssen.

Bewegung von Gut und Trockenluft. Werden in einem Trockner Luft oder Feuerungsgase als Trockenmittel über das Gut bewegt, so sind für die Stromrichtung von Gut und trocknendem Gas folgende Möglichkeiten vorhanden: Gleichstrom, Gegenstrom und Querstrom.

Beim Gleichstromverfahren tritt das Gut mit höchstem Feuchtigkeitsgehalt mit dem trocknenden Gas zusammen in den Trockner, das hier den geringsten Feuchtigkeitsgehalt und die höchste Temperatur besitzt. Die Trocknung setzt sofort mit hoher Trockengeschwindigkeit ein und verläuft nach diesem Abschnitt langsamer. Beim Austritt aus der Trockenvorrichtung hat das trocknende Gas die niedrigste Temperatur und den höchsten Feuchtigkeitsgehalt. Man wird das Gleichstromverfahren besonders dann anwenden, wenn eine kräftige Trocknung dem feuchten Gut nichts schadet und teilweise getrocknetes Gut durch hohe Temperaturen leiden wird. Das Gleichstromverfahren ist daher für empfindliche Trockengüter allgemein vorteilhaft. Es eignet sich ganz besonders für die Feuergastrocknung, wobei die heißen Gase mit recht hohen Temperaturen in den Trockner geführt werden können. So können z. B. Zuckerrübenschnitzel infolge ihres Wassergehaltes von 70 bis 90 Proz. mit Feuerungsgasen von 300 bis 500° ohne Schädigung im Gleichstrom getrocknet werden.

Beim Gegenstromverfahren bewegen sich Trockengut und Trockenmittel gegeneinander. Die heiße Luft tritt dort ein, wo das getrocknete Gut die Einrichtung verläßt. Das feuchte Gut kommt nur mit bereits abgekühlter Luft in Berührung, so daß die Trocknung des Gutes zunächst langsam, dann allmählich schneller verläuft. Gegenstrom wird man daher dann bevorzugen, wenn dem feuchten Gut eine schnelle Trocknung schadet und das trockene Gut hohe Temperaturen aushält oder erhalten muß, wie es bei stark hygroskopischen Stoffen der Fall ist. Für temperaturempfindliche Stoffe ist das Gegenstromverfahren mit einmaliger Anwärmung der Luft vor dem Eintritt in den Trockner weniger geeignet. Es läßt sich jedoch durch wiederholtes Anwärmen der Luft nach dem Stufentrocknungsverfahren auch den Bedingungen für solche Stoffe anpassen. Soll die Entfeuchtung möglichst weit getrieben werden, so ist das Gegenstrom- dem Gleichstromverfahren vorzuziehen.

Trockner mit den beiden Stromverfahren, sowie der sich dabei einstellende Temperaturverlauf sind auf Abb. 2153 dargestellt. Vergleicht man den Temperaturverlauf bei Gleich- und Gegenstrom, so erkennt man, daß die Temperaturunterschiede und damit die durchschnittliche Wärmeübertragung bei

Gleichstrom unter sonst gleichen Umständen höher ist als beim Gegenstrom, so daß die Trockenleistung eines bestimmten Trockners bei Gegenstrom kleiner ist als bei Gleichstrom. Die Trockenzeit wird also beim Gleichstromverfahren unter sonst gleichen Umständen kürzer sein. Das reine Gegenstromverfahren mit einmaliger Vorwärmung der Luft vor dem Trockner ist weitgehend durch die Stufentrocknung verdrängt worden.

Beim Querstromverfahren strömt das trocknende Gas senkrecht oder nahezu senkrecht zur Bewegungsrichtung des Gutes. Da das Trockenmittel überall mit seiner höchsten Temperatur zur Wirkung kommt, muß das Gut beim Querstromverfahren in jedem Feuchtigkeitsgrad eine schnelle Trocknung aushalten können. Der Luft- und entsprechend auch der Wärmebedarf sind größer als bei den anderen Verfahren, dafür ist jedoch die Trockenzeit kürzer. Das reine Querstromverfahren wird in der Trockentechnik selten angewendet.

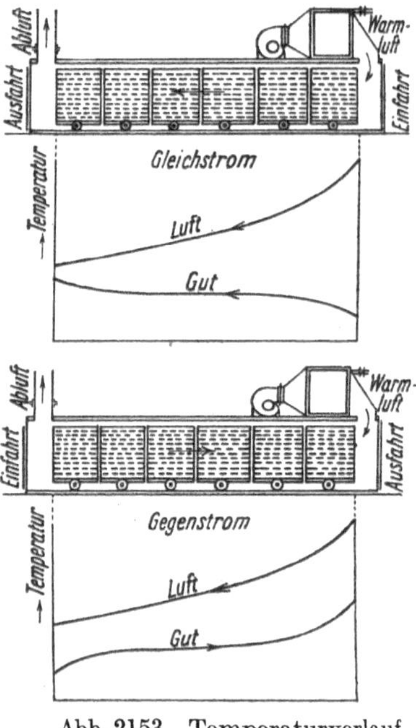

Abb. 2153. Temperaturverlauf beim Gleich- und Gegenstrom.

Die als Trockenmittel dienende Luft kann entweder durch den natürlichen Auftrieb oder durch Ventilatoren (s. d.) oder einfache Schraubenradgebläse (s. d.) durch den Trockner bewegt werden. Der natürliche Zug reicht nur für einfache Trockenkammern aus, die mit langen Trockenzeiten arbeiten, die also für Güter mit geringen Trockengeschwindigkeiten bestimmt sind. Außerdem ist die Luftbewegung in diesem Fall von dem Frischluftzustand abhängig. Die durch Unterschiede im spezifischen Gewicht der feuchten Luft sich ergebenden Strömungen sollen dabei eine Richtung nehmen, die für die Trocknung möglichst günstig ist. Die spezifischen Gewichte feuchter Luft sind auf Abb. 2154 in Abhängigkeit von der Temperatur dargestellt.

Da die Geschwindigkeiten, die der natürliche Auftrieb ergibt, für die meisten Trockenaufgaben zu gering sind, arbeiten heute fast alle Trockner mit künstlicher Luftbewegung. Wird die Luft durch Ventilatoren zwangsläufig durch den Trockner bewegt, so macht sich die Eigenströmung infolge von Verschiedenheiten der spezifischen Gewichte um so weniger bemerkbar, je höher die Luftgeschwindigkeiten sind. Der Ventilator kann, bezogen auf die Strömung des Trockenmittels, vor oder hinter den Trockner geschaltet sein. Im ersten Fall erzeugt er im Trockner einen Überdruck (drückender Ventilator), so daß an undichten Stellen warme Luft austreten kann. Der hinter den Trockner geschaltete Ventilator ergibt im Ventilator einen Unterdruck gegenüber der Außenluft. In größeren Lufttrocknern, die nach dem Stufenverfahren arbeiten, wird die Ventilatorleistung meist auf mehrere in den Strömungsweg der Luft eingeschaltete Schaufelräder verteilt.

Damit der Kraftbedarf der Ventilatoren so gering wie möglich wird, müssen alle Widerstände auf dem Strömungsweg der Luft auf einen Geringstwert vermindert werden. Hierzu muß die Luft so geführt werden, daß die Gesamtlänge der Strömungsbahn durch den Trockner möglichst kurz ist, daß sich ihre Geschwindigkeit an keiner Stelle wesentlich ändert, daß also keine großen Beschleunigungen und Verzögerungen auftreten, und daß Stau-, Leitvorrichtungen, scharfe Krümmungen und sonstige Strömungswiderstände möglichst vermieden werden.

Das Mollier-i-x-Bild. Zur Lösung aller Aufgaben, die bei der Lufttrocknung auftreten, müssen die Zustände der feuchten Luft, die sich infolge Erwärmung, Kühlung oder Wasseraufnahme oder Zumischung von anderen Luftmengen ergeben, bekannt sein. Hierzu benutzt man neben dem älteren i-t-Diagramm besonders das von *Mollier* angegebene i-x-Bild, das den Wärmeinhalt/kg der feuchten Luft i in Abhängigkeit von dem Wassergehalt/kg Reinluft x zeigt (Abb. 2155). Die Sättigungslinie, die alle Zustände mit einem Teildampfdruck enthält, der dem Sättigungsdruck für die vorhandene Temperatur entspricht, teilt das Schaubild in das Nebelgebiet und das Gebiet der ungesättigten Luft, die also eine geringere relative Feuchtigkeit besitzt. Die Isothermen des ungesättigten Bereiches sind Geraden, deren Neigung mit der Temperatur zunimmt. In dem Naßdampfgebiet verlaufen die Isothermen ebenfalls als Geraden. Sie sind hier angenähert den Linien gleichen Wärmeinhalts parallel. In das

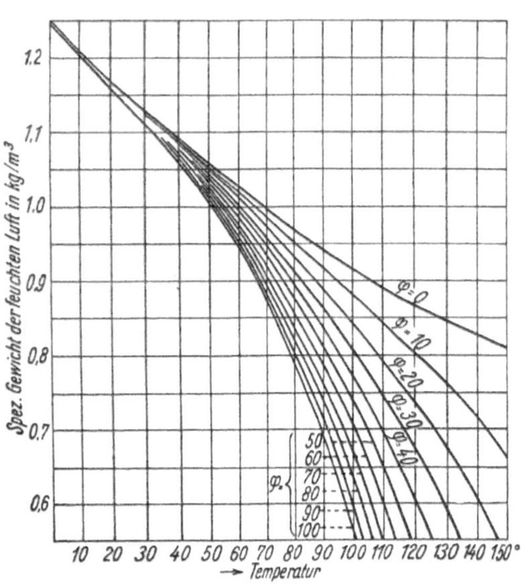

Abb. 2154.   Spez. Gewicht feuchter Luft.

Schaubild sind außerdem die Linien gleicher relativer Feuchtigkeit φ eingetragen. Die Kurve $\varphi = 1$ entspricht der Sättigungskurve. Um den zur Darstellung der Trocknungsvorgänge wichtigen ungesättigten Bereich auf der Fläche des Schaubildes zu vergrößern, wird das Koordinatensystem üblicherweise schiefwinklig angeordnet, indem die x-Achse derart schräg gelegt wird, daß die Isotherme für $0°$ horizontal liegt.

Werden zwei Luftmengen von verschiedenen Zuständen miteinander gemischt, so läßt sich das dabei entstehende Gemisch M in einfacher Weise im i-x-Bild nach Abb. 2156 bestimmen, indem man die Zustandspunkte A und B der beiden Ausgangsmengen L_1 und L_2 durch eine Gerade verbindet und auf dieser einen Punkt M so ermittelt, daß die Strecke AB im Verhält

nis der Mengen L_1 und L_2 derart geteilt wird, so daß sich verhält: $\dfrac{L_1}{L_2} = \dfrac{MB}{MA}$.

Die Mischungsregel wird im i-x-Bild also durch eine lineare Beziehung dargestellt.

Wird feuchter Luft Wasserdampf zugeführt, wie es bei der Trocknung wasserhaltiger Stoffe infolge der Verdunstung an den Oberflächen des Gutes der Fall ist, so fällt ein Zustandspunkt der beiden Ausgangsmengen in das Unendliche, da x auf 1 kg Reinluft bezogen ist. Bezeichnet man den Wärme-

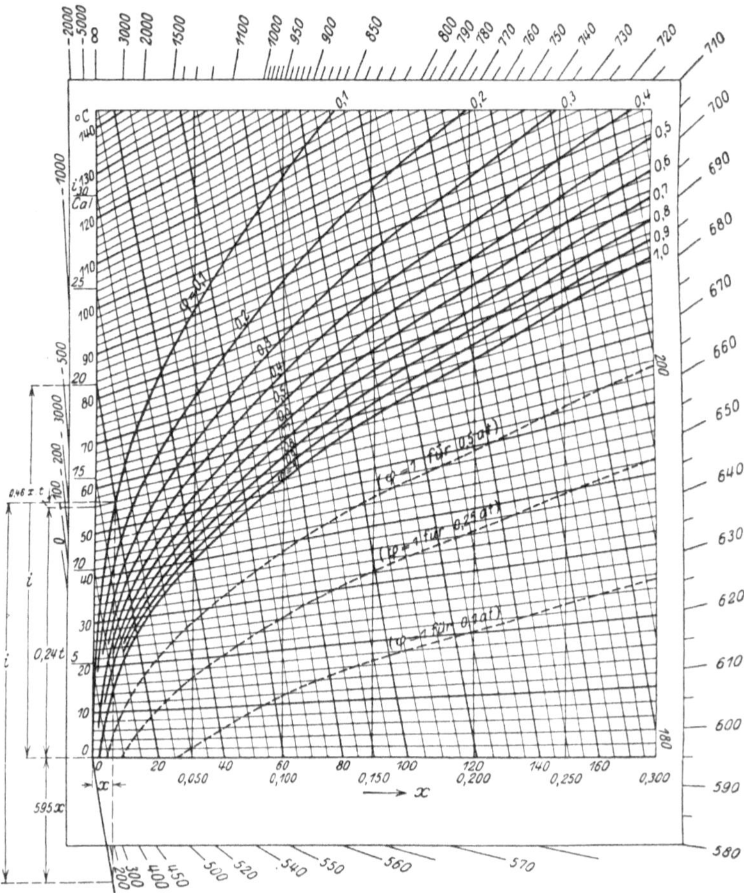

Abb. 2155. *Mollier-i-x*-Bild für feuchte Luft.
(Nach Chem. Ingenieur-Technik, Bd. II, S. 618.)

inhalt des zugeführten Dampfes W mit i_d und den bei Beginn der Wasserdampfaufnahme vorhandenen Wasserdampfgehalt der feuchten Luft L mit x_1, so erhält man folgende Gleichungen:

$$L\,(x_m - x_1) = W \quad \text{und} \quad L\,(i_m - i_1) = W\,i_d\,.$$

Hieraus ergibt sich:
$$\frac{i_m - i_1}{x_m - x_1} = i_d\,.$$

Daraus folgt, daß die Neigung der Verbindungsgeraden $\Delta i/\Delta x$ im i-x-Bild zahlenmäßig dem Wärmeinhalt des zugemischten Wasserdampfes gleich ist. Um das Ausrechnen der Neigung für den Einzelfall zu ersparen, wird das

i-x-Bild (Abb. 2155; at dort at abs) mit einem Randmaßstab versehen, wobei der Wärmeinhalt von Dampf von 0° auf einer Waagerechten durch den Nullpunkt des Koordinatensystems liegt.

Betrachtet man die Zustandsänderung der feuchten Luft in einem Trockner, in dem z. B. zum Auftrocknen der Wassermenge W die Wärmemenge Q verbraucht wird, so läßt sich aus Anfangs- und Endzustand der Luft der **spezifische Wärmeverbrauch** Q/W bestimmen, indem man die Zustandspunkte für die Frischluft und die Abluft verbindet, hierzu eine Parallele durch den Nullpunkt des Koordinatennetzes legt und auf dem Randmaßstab den Wärmeverbrauch Q/W abliest. Die Lage des Zustandspunktes für die Abluft hängt danach vorwiegend von der für die Trocknung aufgewandten Wärmemenge und von dem Sättigungsgrad der Abluft ab, der sich unter den gegebenen Austauschbedingungen im günstigsten Fall erreichen läßt. Die Wasseraufnahme der Luft W/L ist durch den Unterschied der Wassergehalte je Kilogramm Abluft und Frischluft (x_2-x_1) bestimmt, wenn die Zustandspunkte für die Frischluft und die Abluft gegeben sind. Hohe Abluftsättigung verbunden mit hoher Ablufttemperatur ergibt kleinen Luftbedarf.

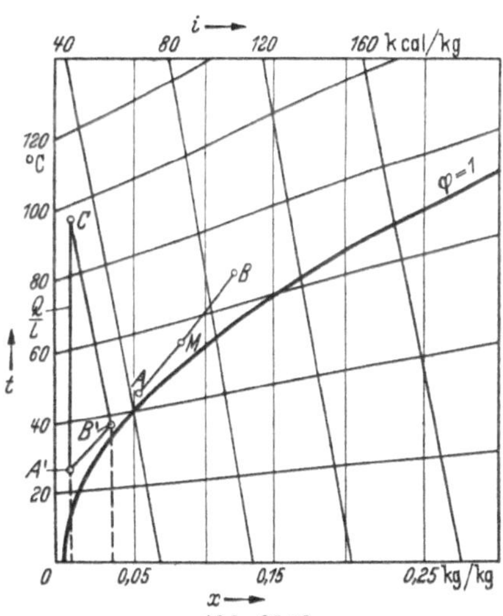

Abb. 2156.
Mischungsvorgänge und Trocknung mit einmaliger Erhitzung im i-x-Bild.

Bei der Lufttrocknung kann die Wärme der Trocknungsluft vor ihrem Eintritt in den Trockner zugeführt werden. Wird die Luft z. B. mit dem Zustand des Punktes A' (Abb. 2156) auf die dem Punkt C entsprechende Temperatur vorgewärmt, so muß diese Zustandsänderung im i-x-Bild als Parallele zur Ordinatenachse erscheinen, da sich der Wassergehalt im Lufterhitzer nicht ändern kann. Die Strecke $A'C$ stellt dann die je Kilogramm Luft zuzuführende Wärmemenge Q/L dar. Die erwärmte Luft tritt mit der Temperatur des Punktes C in den Trockner und kühlt sich dort infolge Wasseraufnahme ab. Wird dabei Wärme von außen nicht zugeführt, so wird diese Zustandsänderung im i-x-Bild angenähert durch eine Parallele zu einer Linie gleichen Wärmeinhaltes ($i=$ konst.) dargestellt. Die Abluft wird daher z. B. den durch den Punkt B' dargestellten Zustand annehmen, wobei seine Lage wieder durch die Austauschbedingungen an den Oberflächen des Gutes gegeben sein wird, die praktisch volle Sättigung der Abluft nicht erreichen lassen. Der Wärmebedarf für 1 kg Wasserauftrocknung ergibt sich auch hier mit Hilfe des Randmaßstabes durch die Neigung der Strecke $A'B'$. Hohe Sättigung der Frischluft verursacht höheren Luft- und Wärmeverbrauch. Dieser Einfluß vermindert sich mit steigender Temperatur und Sättigung der Abluft.

Die Trocknungsarten. Stufentrocknung. Wie sich aus der vorstehenden Darstellung ergibt, nimmt 1 kg Reinluft von gegebener Anfangssättigung bei der Trocknung mit vorerhitzter Luft um so mehr Wasser aus dem zu trocknenden Gut mit, je höher die Luft vorgewärmt wird. Dieses Verfahren mit einmaliger Vorwärmung ist besonders für die Gleichstromtrocknung brauchbar. Da empfindliche Güter hohe Trockentemperaturen oft nicht vertragen, empfiehlt es sich, bei der Gegenstromtrocknung, bei der die vorgewärmt eintretende Luft auf nahezu trockenes Gut trifft, die insgesamt erforderliche Wärme nicht mit einemmal, sondern während des Trocknungsvorganges allmählich zuzuführen. Mit diesem Verfahren wird gleichzeitig eine ungleichmäßige Trocknung verhütet, die infolge örtlicher Temperaturunterschiede leicht vorkommen kann. Nachdem sich die Luft im ersten Teil des Trockners durch Wasserdampfaufnahme abgekühlt hat, wird sie aus dem eigentlichen Trockenraum herausgeführt und in einen zweiten Erhitzer geleitet, dort wieder auf die gleiche Temperatur vorgewärmt, in die nächste Stufe des Trockners geführt usw. Man erhält dadurch eine Stufentrocknung, die so betrieben werden kann, daß die Höchsttemperatur in allen Stufen eine bestimmte Grenze nicht überschreitet. Diese kann auch nach dem Feuchtigkeitsgrad in den einzelnen Teilen des Trockners verschieden abgestuft sein.

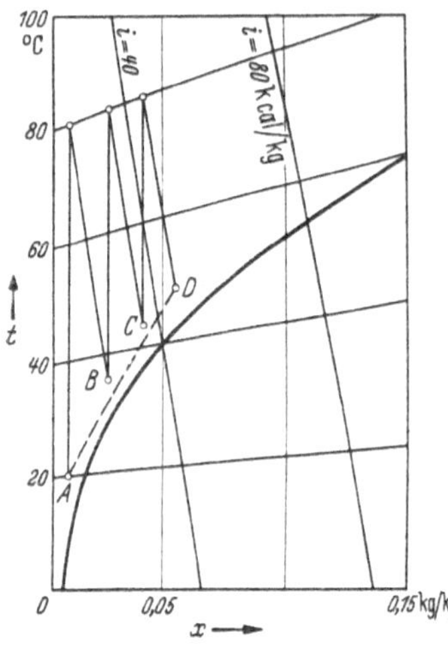

Abb. 2157.
Stufentrocknung im i-x-Bild.

Der Verlauf einer Trocknung, bei der die Luft in jeder Stufe auf die gleiche Temperatur erwärmt wird, zeigt Abb. 2157 in einem i-x-Bild. Der Frischluftzustand ist durch den Punkt A gegeben. Die Lage der Punkte B, C und D für die aus den einzelnen Stufen austretende Luft ist wieder durch die Austauschverhältnisse an den Oberflächen des Gutes bestimmt. Sie hängt also in erster Linie von der Beschaffenheit der Oberfläche des Gutes und der Wasserdampfabgabemöglichkeit ab. Der gesamte Wärmeverbrauch je 1 kg Wasserauftrocknung wird in gleicher Weise bestimmt wie bei der einfachen Lufterhitzung. Die Zustandspunkte für die Frischluft A und für die aus der letzten Stufe austretende Abluft D werden verbunden. Aus der Neigung dieser Geraden läßt sich dann mit Hilfe des Randmaßstabes des i-x-Bildes der Wärmeverbrauch Q/W ablesen.

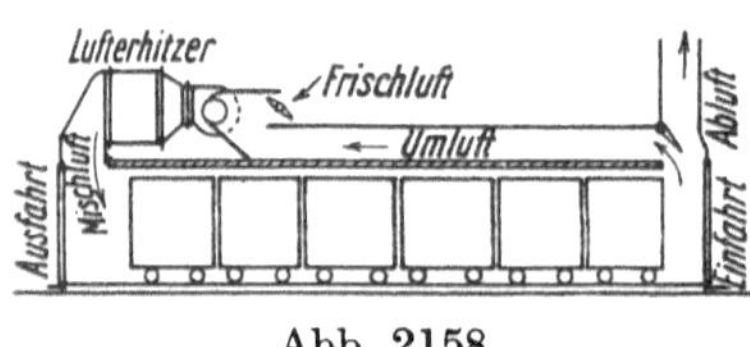

Abb. 2158.
Schema eines Mischlufterhitzers.

Umlufttrocknung. Bei der Lufttrocknung können dadurch Schwierigkeiten auftreten, daß der Zustand der Frischluft je nach den Witterungsverhältnissen in erheblichen Grenzen schwanken kann. Ein Ausgleich ist dadurch möglich, daß man einen Teil der Abluft der kalt eintretenden Frischluft zumischt, die Mischluft in einem Erhitzer anwärmt und dann in den Trockner führt. Dadurch, daß man die umlaufende Luftmenge (Umluft) regelt, läßt sich der Trockenvorgang von den Einflüssen der Witterung unabhängig machen. Gleichzeitig läßt sich die Luft durch die nochmalige Berührung mit dem feuchten Gut besser mit Wasserdampf sättigen. Das Schema eines Misch- oder Umlufttrockners ist auf Abb. 2158 dargestellt. Die Zustandsänderungen bei der Mischlufttrocknung sind in dem i-x-Bild auf Abb. 2159 ersichtlich. Der mit dem Zustand des Punktes A zutretenden Frischluft wird ein Teil der Abluft, die durch den Punkt D gekennzeichnet ist, zugemischt. Das Verhältnis von Frischluft zu Umluft ist durch das Verhältnis der Strecken BD/AB gegeben. Die Mischluft mit dem Zustand des Punktes B wird in einem Lufterhitzer erwärmt, wobei die Wärme $Q/L = BC$ zugeführt wird. Im

Trockner selbst ändert sich der Zustand der Luft zwischen den Punkten C und D. Durch Regeln der Umluftmenge kann die Lage des Punktes B je nach der Lage des Punktes A so geändert werden, daß mehr oder weniger genau der Punkt B erreicht wird, so daß der Zustand der in den Trockner tretenden Luft unabhängig von allen Einflüssen der Witterung angenähert der gleiche bleibt.

Das Umluftverfahren wird häufig mit der Stufentrocknung derart verbunden, daß die in einer Stufe befindliche Luft mehrfach über die Oberflächen des Gutes hinweg umgewälzt wird. Nur ein Teil dieser Luft strömt in die nächste Stufe, während der Rest nochmals über das Gut geleitet wird.

Feuergastrocknung. Wird mit Temperaturen über 100° getrocknet, so verläuft die Trocknung sehr schnell, da das Wasser unmittelbar ausdampfen kann, wenn die Oberflächen Temperaturen über 100° annehmen. Ist dies nicht der Fall, so ist wie bei der Lufttrocknung der Teildruckunterschied für die Wasserfortführung in das Gas maßgebend. Die den Gasen im Trockner durch Wärmeübergang an das Gut entzogene Wärme muß ausreichend sein, um die im Gut enthaltene Feuchtigkeit abzu

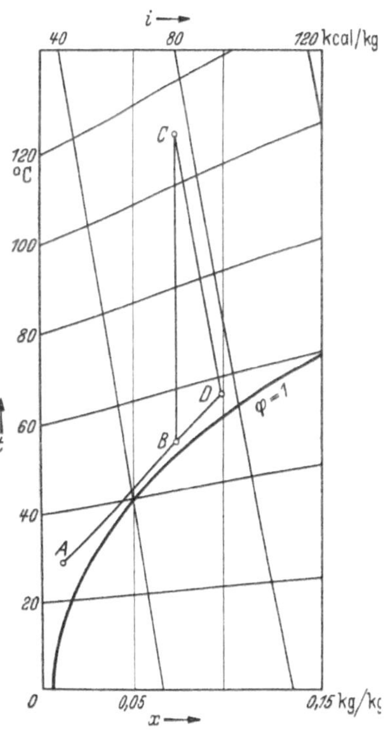

Abb. 2159. Darstellung der Umlufttrocknung im i-x-Bild.

dampfen. Die Teilspannung des überhitzten Wasserdampfes ist für alle Lufttemperaturen über 100° lediglich von dem ursprünglichen Wasserdampfgehalt x abhängig.

Da die Temperaturen der Feuergase oft zu hoch sind, mischt man ihnen nach Bedarf kalte Luft oder auch Abgase zu. Die Luftmengen, die den Abgasen von Kohlenfeuerungen zugeführt werden müssen, um eine bestimmte Gastemperatur zu erhalten, sind aus dem Schaubild Abb. 2160 für verschiedene Heizwerte des Brennstoffs H_u zu entnehmen.

Die Feuergastrocknung, die besonders für Trommeltrockner (s. d.) angewendet wird, hat den Nachteil, daß das Gut unmittelbar mit den Feuergasen in Berührung kommt und daher durch Flugasche verunreinigt werden kann. Wenn dies nicht angängig ist, kann die Wärme der Feuergase mit Hilfe eines Lufterhitzers (s. d.) auf einen Luftstrom übertragen werden.

Bisweilen kann es sich empfehlen, die Abgase von Kesselfeuerungen noch in einem Trockner auszunutzen. Der Trockner muß dann in der Nähe des Kesselhauses aufgestellt werden, da andernfalls lange Züge erforderlich wären, die z. B. durch Undichtigkeiten den Vorteil der nochmaligen Wärmenutzung vermindern würden. In jedem Fall sind meist längere Wege für das Trockengut oder für die Abgase erforderlich. Weiterhin ist zu berücksichtigen, daß die Abgase neuzeitlicher Kessel infolge der hohen Beanspruchungen der Feuerungen immer Flugasche mitführen, wenn sie mit normaler Leistung betrieben werden. Um das Mitreißen von Flugasche zu vermindern, müßten die Kessel größere Feuerungen erhalten, so daß sie breiter würden. Eine derartige Rücksichtnahme auf die Bedürfnisse der Trocknung ist jedoch nicht immer möglich. Schwierigkeiten entstehen oft dadurch, daß Dampferzeugung und Trocknung zeitlich nicht immer zusammenfallen. Aus diesen Gründen verzichtet man oft auf die Ausnutzung von Dampfkesselabgasen.

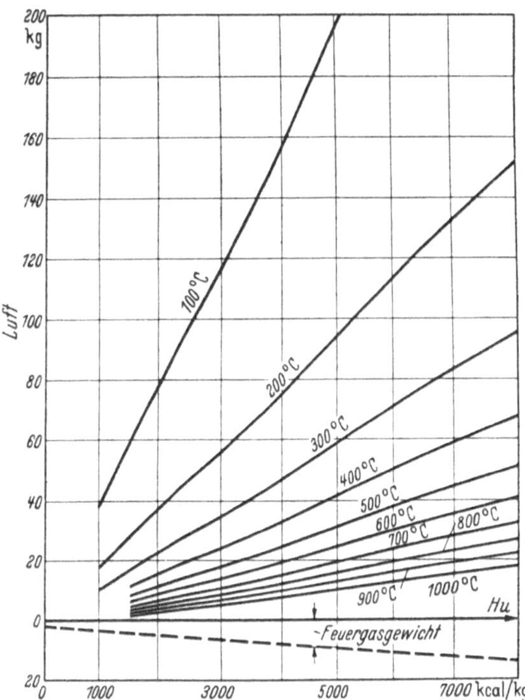

Abb. 2160. Zuzumischende Luftmengen zur Senkung der Temperaturen für Feuergastrockner.

Wärmerückgewinnung. Die dem Trockner zugeführte Wärme kann teilweise wiedergewonnen werden, indem man entweder die fühlbare Wärme des getrockneten Gutes oder die Abluftwärme durch Wärmeaustauscher zur Vorwärmung der Frischluft benutzt. Beide Verfahren werden nur selten ausgeführt. Die fühlbare Wärme des getrockneten Gutes ist selten so hoch, daß eine Ausnutzung in Betracht kommt. Lediglich bei Gegenstromtrommeltrocknern mit Feuergasbeheizung bietet dieses Verfahren praktische Möglichkeiten. Die Ausnutzung der Abluftwärme bereitet infolge der schlechten Wärmeübertragung der Luft Schwierigkeiten, so daß die notwendigen Heizflächen groß ausfallen, und die Anlagekosten das Wärmeersparnis ausgleichen. Außerdem enthält die Abluft meist einen erheblichen Staubanteil, der die Wärmeaustauschflächen verschmutzen kann. Weiterhin hat man versucht, die Wärme der Abluft durch Einspritzen von Wasser, das sich dabei erwärmt, wiederzugewinnen. Auch dieses Verfahren bereitet Schwierigkeiten, weil der Staub durch das Wasser niedergeschlagen wird und das Wasser verschmutzt.

Stetiger und absatzweiser Betrieb. Der Betrieb eines Trockners kann stetig oder absatzweise durchgeführt werden. Bei der absatzweisen Trocknung wird das Gut in den Trockner gebracht, bleibt dort während einer Trockenperiode liegen und wird dann wieder herausgefördert. Darauf wird der Trockner wieder mit feuchtem Gut beschickt. Die absatzweise Trocknung hat den Vorteil, daß sich die Trocknungsbedingungen für die in dem Trockner befindliche Gutmenge und ihren jeweiligen Wassergehalt leicht verändern lassen. Die Bauart des Trockners wird einfacher. Sie eignet sich jedoch nur für kleine Leistungen oder für Sonderaufgaben. Bei der absatzweisen Trocknung entstehen höhere Bedienungs- und Förderkosten. Der Wärmebedarf ist größer als bei der stetigen Trocknung. Weiterhin macht es Schwierigkeiten, die Trockenluft so zu verteilen, daß überall ein gleichmäßiges Trockenerzeugnis erhalten wird, da die Trocknungsbedingungen je nach der Durchströmung des Trocknerraumes nicht für alle Teile des Gutes die gleichen sind, so daß das Gut nicht gleichmäßig abgetrocknet werden kann oder teilweise übertrocknet wird. Für große Mengenleistungen, insbesondere für die Verarbeitung von Massengütern, werden daher die stetig arbeitenden Trockner allgemein bevorzugt.

Bauarten. Die einzelnen Bauarten unterscheiden sich wesentlich durch die Art der Wärmeübertragung. Unmittelbar durch Wandungen wird die Wärme in den Vakuumtrocknern (s. d.), Plattentrocknern (s. d.), Röhrentrocknern (s. d.), Tellertrocknern (s. d.) und Walzentrocknern (s. d.) übertragen. Zu den Lufttrocknern gehören die Kammertrockner (s. d.), Kanaltrockner (s. d.), Bandtrockner (s. d.), Hordentrockner (s. d.), Muldentrockner (s. d.), Stromtrockner (s. d.), Rieseltrockner (s. d.), Trommeltrockner (s. d.), Turbinentrockner (s. d.) und Zerstäubungstrockner (s. d.).

Absatzweise werden vorwiegend Kammer-, Vakuumtrockner und Darren (s. d.) sowie kleinere Mulden- und Tellertrockner betrieben. Alle übrigen Trockner, sowie einige Bauarten von Vakuumtrocknern, arbeiten stetig.

Mit Feuergasen werden vorwiegend Trommeltrockner und teilweise auch Riesel-, Strom-, Turbinen- und einfache Tellertrockner betrieben.

Lit.: *E. Hausbrand*, Das Trocknen mit Luft und Dampf (5. Aufl., Berlin 1924, Julius Springer). — *W. Schule*, Theorie der Heißlufttrockner (Berlin 1920, Julius Springer). — *K. Reyscher*, Die Lehre vom Trocknen in graphischer Darstellung (Berlin 1927, Julius Springer). — *M. Weiss*, Das Trocknen der Kohle (Halle 1930, Knapp). — *F. Moll*, Künstliche Holztrocknung (Berlin 1930, Julius Springer). — *P. Warlimont*, Künstliche Holztrocknung (Berlin 1929, Julius Springer). — *G. Stiller*, Vorgänge in Gesteintrockentrommeln beim Gegen- und Gleichstromverfahren (Berlin 1935, VDI-Verlag). — Die Trocknung und Entwässerung der Kohle, Bericht E_1 des Reichskohlenrats (Berlin 1936, Julius Springer). — *A. Römer* u. *L. C. Simon*, Trocknung (Chem. Ingenieur-Technik, Band II; Berlin 1935, Julius Springer).   Thormann.

Lit. Chem. Apparatur: *F. A. Bühler*, Die Trockenapparate (1914, S. 5, 225, 242). — *A. Loesche*, Trockenapparate für die Landwirtschaft (1914, S. 179). — *G. Weißenberger*, Über einen säurefesten Trockenschrank für großen Temperaturbereich (1914, S. 241). — *H. Winkelmann*, Etwas über unmittelbar sowie mit Dampf und Gas geheizte Trockenkammern und Trockenöfen neuerer Bauart (1915, S. 257). — *J. E. Brauer-Tuchorze*, Vakuumtrockner für schaufelbare Substanzen (Getreide usw.) (1916, S. 50). — *F. W. Horst*, Trockenanlagen (1916, S. 61). — *H. Borngräber*, Maschinen zum Vortrocknen sehr wasserreicher Stoffe (1916, S. 143). — *Cl. Meuskens*, Die Trocknung der Stein- und Kalisalze mit besonderer Berücksichtigung der neueren Apparatur (1917, S. 17, 27, 35, 42, 52). — *F. O. Hammerstein*, Über einige Apparaturen der chemischen Qualitäts-Trockentechnik (1919, S. 105, 115). — *B. Block*, Einiges über die Vorgänge bei der Vakuumtrocknung

(1919, S. 57). — *H. Jordan*, Die drehbare Trockentrommel für ununterbrochenen Betrieb (1920, S. 1, 11, 17, 28, 33, 43); Ruggles-Coles-Trockner (1921, S. 32). — *G. Illert*, Der Ruf-Trockner (1921, S. 169). — *G. F. Metz*, Trockner für keramische Rohstoffe, übersetzt von *R. Berend* aus dem J. Amer. ceram. Soc. 1924, S. 504 (1925, S. 244). — *W. Kuhles*, Die Zerstäubung in der chemischen Trocknungstechnik (1930, S. 51). — *von Bezold*, Der Schacht-Rieselradtrockner (1930, S. 217). — *I. Bodewig*, Das Trocknen von Pulver und Sprengstoffen im Vakuum (1930, S. 253). — *G. Hönnicke*, Betriebsüberwachung von satzweise arbeitenden Eindampfern, Trocknern usw. (1936, S. 4). — *C. Naske*, Schlammentwässerung durch Filter und Schlammtrocknung durch Ofenabgase (1936, S. 85, 92). — *F. Kesper*, Zerstäubungstrockner (1936, S. 206). — *L. Hunkel*, Zerstäubungstrockner (1937, S. 197). — *H. Rumpelt*, Neuer Trockner für pastenförmige Stoffe (1937, S. 97). — *L. Maugg*, Ein neuer Zweiwalzentrockner (1938, S. 305). — *O. Krischer*, Physikalische Probleme bei der Trocknung fester poriger Stoffe in gasförmigen Trockenmitteln (1939, S. 36). — *B. Waeser*, Trockner und ihre Betriebsprüfung (1940, S. 353). — *P. D'Ans*, Trocknungstechnik (1941, S. 7); Die Zerstäubungstrocknung und ihr Einsatz in der Industrie (1941, S. 49).

Trolitax, s. Hartpapiere.

Trommelapparate, s. Drehtrommelapparate.

Trommelmühlen, eine Art von Rohrmühlen, s. Kugelmühlen.

Trommeln, s. Drehtrommelapparate, Schleudern.

Trommeltrockner (Trockentrommeln; *s. auch Trockner*). Sollen feinkörnige oder stückige wasserhaltige Stoffe mit dem Wärmeinhalt heißer Luft oder Gase getrocknet werden, so müssen diese im Trockner nach Möglichkeit oft gewendet und ihre Oberflächen allseitig dem Gas- oder Luftstrom ausgesetzt werden. Die Trommeltrockner benutzen hierzu eine langgestreckte, liegende Trommel, die sich langsam dreht, so daß das stetig zugeführte Gut dabei gehoben, gewendet und fortbewegt wird. Die Trockengase oder die erwärmte Luft ziehen im Gleich- oder Gegenstrom über das feuchte Gut (s. auch Gegenstromapparate, Gleichstromapparate). Für Sonderzwecke werden auch Trommeln gebaut, die von außen beheizt werden und Wärme mittelbar durch Wandungen auf das Gut übertragen. In einzelnen Fällen ziehen heiße Gase oder ein warmer Luftstrom gleichzeitig unmittelbar über das Gut. Man kann danach unmittelbar, mittelbar und teils mittelbar, teils unmittelbar beheizte Trommeltrockner unterscheiden.

Da der natürliche Zug eines Schornsteins zur Bewegung der Gase meist nicht ausreicht, ist hierzu in der Regel eine besondere Saugzuganlage erforderlich. Reißt die durch die Trommel ziehende Strömung feinschwebende Teilchen mit, so muß in den Abzug der feuchten Gase ein Entstauber eingeschaltet werden. Eine vollständige Trommeltrocknungsanlage besteht daher aus der eigentlichen Trommel mit Inneneinrichtung, Antrieb und Aufgabevorrichtung, aus der Heizgas- oder Heißlufterzeugungsanlage, dem Saugzuggebläse, der Abgasentstaubung und der Ummantelung oder Einmauerung, soweit mittelbar beheizte Trockner in Betracht kommen.

Trommeltrockner weisen große Leistungen auf, so daß sie vorwiegend zur Verarbeitung von Massengütern, die verhältnismäßig hohe Temperaturen vertragen, eingesetzt werden, z. B. zum Trocknen von Mineralien verschiedener Art, von Brennstoffen und anorganischen Chemikalien, wie Kalkstein, Kreide, Ton, Bauxit, Gips, Kaolin, Kies, Lehm, Quarzsand, Hochofenschlacken,

Schieferton, Schwerspat, Schwefelkies, Zinkblende, Phosphat, Kaliumchlorid, Steinsalz, Sulfat, Erdfarben, Salpeter, Braunkohlenschlamm, Steinkohle, Lignit, und zum Trocknen von pflanzlichen und tierischen Erzeugnissen und Abfällen. Als Beispiele seien zu letzteren genannt: Baumwollsamen, Getreide, Hülsenfrüchte, Kaffee, Kakao, Kopra, Kartoffelschnitzel, Klee, Krystallzucker, Lupinen, Mais, Malz, Obst, Tabak, Tee, Zichorie, Bagasse, Celluloseabfälle, Rübenschnitzel, Kartoffelpülpe, Korkabfälle, Lederabfälle, Lohe, Rübenblätter, Treber, Traubentrester und Schlempe.

Die Trommel besteht aus einem Zylinder, der in der Regel aus einzelnen Blechen zusammengesetzt ist. Der Durchmesser der am häufigsten verwendeten Trommeln beträgt etwa 1 bis 2 m mit einer Länge bis etwa 12 m. Die größten Trommeln haben einen Durchmesser von etwa 3 bis 4 m mit Längen von 12 bis 22 m. Das Verhältnis von Durchmesser zu Länge beträgt im Mittel etwa 1 : 5. Es finden sich jedoch auch Verhältnisse von etwa 1 : 4 bis 1 : 8. An den Enden der Trommel sind 2 Laufringe befestigt, mit denen die Trommel auf Tragrollen läuft. Trockentrommeln werden meist schräg mit geringer Neigung aufgestellt. — Die Blechstärke der Trommeln ist im allgemeinen nur durch mechanische Beanspruchungen bestimmt. Die Mantelstärke von kleinen Trommeln von etwa 1 bis 1,5 m Durchmesser beträgt etwa 10 bis 15 mm. Große Trommeln haben Wandstärken von 20 mm und mehr. Bei Trommeln mit Ausmauerung müssen die Blechstärken entsprechend größer bemessen werden. — Nach Möglichkeit werden die Trommeln selbst sowie die Inneneinrichtungen aus Stahlblech hergestellt. Wenn die Innenflächen der Trommel chemischen Angriffen des Gutes ausgesetzt sind, werden die Trommeln auch aus V 2 A- oder V 4 A-Stahl, aus Monelmetall, Kupfer, Aluminium usw. hergestellt. In einzelnen Fällen genügt es, wenn die Innenteile verzinnt, verzinkt, emailliert oder mit einem anderen Überzug versehen werden.

Die Trommelenden ragen in gemauerte Köpfe oder aus Stahlblech hergestellte Gehäuse, welche die Gase oder die Luft zu- oder abführen. Da in der Trommel ein Unterdruck herrscht, muß der Spalt zwischen Trommel und den umgebenden Kopf- oder Gehäuseteilen gut abgedichtet sein. An den Köpfen oder Gehäusen werden Einsteigöffnungen und Schaulöcher vorgesehen. An dem Eintragende wird das Naßgut durch eine Schurre mit Hilfe einer geschlossen ausgeführten Dosiervorrichtung (s. Dosiermaschinen) oder einer Aufgabevorrichtung (s. auch Teilvorrichtungen) zugeführt.

Wird der Trommelraum mit glatten Oberflächen ohne Einbauten zum Trocknen verwendet, so ist die den Feuergasen oder der Heißluft ausgesetzte Oberfläche des Gutes verhältnismäßig klein. Das Gut wird in der Drehrichtung gehoben und rollt oder rutscht von oben wieder nach unten ab, sobald der dem Gut eigene Böschungswinkel überschritten ist, wie Abb. 2161 veranschaulicht. Solche Trommeln ohne Einbauten müssen besonders lang ausgeführt werden, damit der Wärmeinhalt der Heizgase ausreichend ausgenutzt wird. Sie werden bisweilen verwendet, wenn in dem Aufgabegut große Stücke neben kleinem Korn vorhanden sind und wenn die Temperaturen sehr hoch sind (s. auch Öfen).

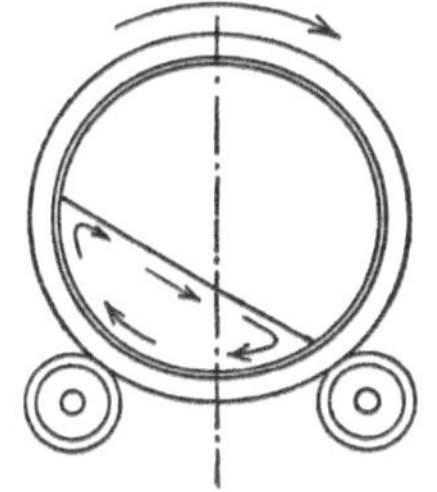

Abb. 2161.
Trockentrommel
ohne Einbau.

Um das zu trocknende Gut über den gesamten Trommelquerschnitt gleichmäßig zu verteilen, werden die Trockentrommeln in der Regel mit besonderen **Einbauten** versehen, die gleichzeitig die Trocknungsleistung dadurch vergrößern, daß die den Heizgasen ausgesetzte Oberfläche des Gutes wesentlich vergrößert wird. Die einfachsten Vorrichtungen dieser Art bestehen aus Schaufeln, Hub- oder Wendeleisten, die an der Innenseite des Trommelmantels befestig sind. Die Schaufeln liegen entweder parallel zur Trommelachse, oder sie werden teilweise auch schräg eingesetzt, um das Gut in der Förderrichtung abfallen zu lassen. Sie werden meist mit becherartigen Querschnitten ausgeführt, damit das Gut nicht vorzeitig abrutscht und aus möglichst großer Höhe herausrieselt. Wie auch Abb. 2162 veranschaulicht, liegt die Masse des Gutes bei dieser Anordnung im unteren Teil der Trommel. Die Fallhöhen sind beträchtlich, so

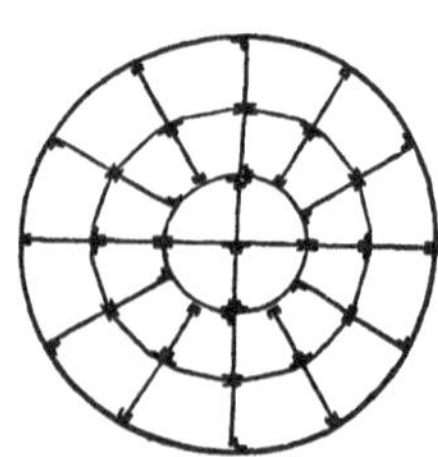

Abb. 2163. Zellentrommel (Pfeiffer).

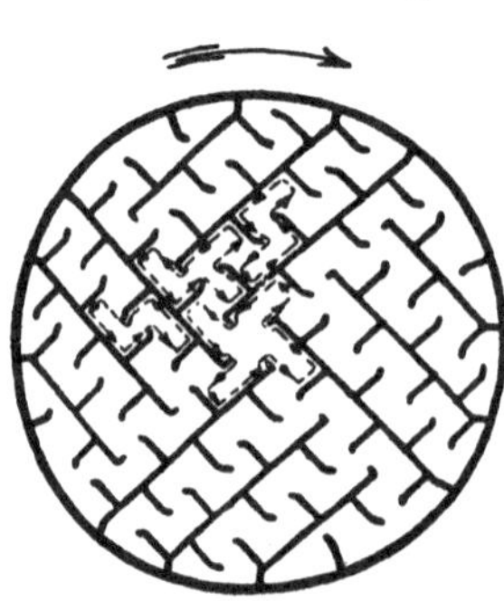

Abb. 2162.
Trockentrommel mit einfachen Hubschaufeln.

daß das Gut zum Teil zerkleinert werden kann. Einfache Hubschaufeln oder Wendeleisten haben den Vorteil, daß die Trommel sich leicht reinigen läßt, und daß die Baukosten gering sind.

Um das Gut in gleichmäßiger Verteilung auf großen Flächen auszubreiten, kann der Trommelquerschnitt zellenartig unterteilt werden. Die einzelnen Zellen sind entweder röhrenartig ausgebildet, so daß sie miteinander nicht verbunden sind (geschlossene Zellen), oder sie stehen durch versetzte Einbauten gegenseitig miteinander in Verbindung (offene Zellen), so daß die trocknenden Gasmengen und auch das Gut sich zwischen den einzelnen Zellen ausgleichen können. Die Einbauten sollen möglichst so gestaltet sein, daß sich das Gut im Betrieb möglichst gleichmäßig auf alle Zellen des Trommelquerschnitts verteilt, daß der Kraftbedarf des Ventilators durch die Einbauten möglichst wenig erhöht wird, daß sie die Festigkeit der Trommel erhöhen, daß sie Wärmeausdehnungen nachgeben können, und daß sie leicht zu reinigen, ein- und auszubauen sind. Neigt das Gut zu Verstopfungen, so kann es vorteilhaft sein, wenn die Zellen befahrbar sind, ohne daß Teile ausgebaut werden. — Den Einbau einer Trommel mit geschlossenen Zellen zeigt Abb. 2163 (Gebr. Pfeiffer A.-G., Kaiserslautern).

Abb. 2164.
Quadranteneinbau.

Einbauten mit offenen Zellen werden in verschiedenen Formen ausgeführt. Besonders bewährt hat sich der sog. Quadranteneinbau nach Abb. 2164. An dem Trommelmantel sind mehrere Hauptbleche befestigt, an denen senkrecht dazu Rieselbleche angesetzt sind. In der Trommellängsachse sind diese Elemente in mehrere Schüsse unterteilt und miteinander verbunden. Um die

SPRINGER–VERLAG BERLIN HEIDELBERG GMBH

Destillier- und Rektifiziertechnik

Von

Dr.-Ing. habil. **Emil Kirschbaum**

Professor an der Technischen Hochschule in Karlsruhe

Mit 227 Abbildungen im Text und 5 Tafeln. IX, 282 Seiten. 1940
RM 33.—; gebunden RM 34.80

Das Buch schließt eine seit langem empfindsame Lücke im technischen Schrifttum. Die Erkenntnisse der Forschung werden in Verbindung mit den praktischen Aufgaben der Trennung von Flüssigkeitsgemischen zusammengefaßt. Wenn dabei einerseits auf streng wissenschaftliche Grundlagen zurückgegriffen wird, so ist andererseits besonderer Wert auf eine ingenieurmäßige Behandlung der Destillier- und Rektifiziertechnik gelegt, und es sind in diesem Sinne auch bauliche Ausführungen sowie wichtige Zahlen- und Kurventafeln mit aufgenommen. Als solches ist das hervorragend ausgestattete Werk sowohl für den lernenden als auch für den in der Praxis tätigen Ingenieur bestimmt.

Inhaltsübersicht: **Allgemeines. — Theoretische Grundlagen:** Meßeinheiten. Beziehungen zwischen Dampfkonzentration und Dampfteildruck in Mehrstoffgemischen. Gleichgewicht siedender Mehrstoffgemische. Teilniederschlag von Gemischen. Verdampfungswärme von Gemischen.—**Flüssigkeitstrennung mittels einmaliger Destillation. (Der einfache Blasenapparat):** Berechnungsunterlagen. Ausführung der Destillierblase. Trennung durch Verdampfen und teilweisen Niederschlag. — **Die Rektifiziersäule.** Wirkungsweise von Rektifizierböden. Schaltung des Rücklaufkondensators. Aufbau des absatzweise arbeitenden Rektifizierapparates. Berechnung der Bodenzahl des absatzweise arbeitenden Rektifizierapparates. Das Mindestrücklaufverhältnis und das wirkliche Rücklaufverhältnis des absatzweise arbeitenden Rektifizierapparates. Der Rektifiziervorgang auf Austauschböden. Der Wärmeverbrauch und die Rücklaufwärme des Blasenapparates mit Verstärkungssäule. — **Der stetig arbeitende Rektifizierapparat mit Verstärkungs- und Abtriebsäule.** Bestimmung der Bodenzahl. Ermittlung des Mindestrücklaufverhältnisses eines stetig arbeitenden Rektifizierapparates zur Trennung eines Zweistoffgemisches. Das wirkliche Rücklaufverhältnis eines stetig arbeitenden Rektifizierapparates. Beziehungen zwischen Mengen und Konzentrationen. Der Wärmeverbrauch. Möglichkeiten zur Verringerung des Wärmeverbrauches. Aufstellung von stetig arbeitenden Rektifizierapparaten zur Trennung von Zweistoffgemischen. Sonderfälle. Die Anordnung des Zulaufstutzens. Die Wärmeverluste. Berücksichtigung der Veränderung der molaren Verdampfungswärme in der Austauschsäule. — **Die Rektifikationsvorgänge im Wärmeinhalt-Konzentrationsbild:** Die Verstärkungssäule. Der stetig arbeitende Rektifizierapparat. — **Trennung von Gemischen mit mehr als zwei Bestandteilen:** Abscheidung von in einem Gemische in geringen Mengen enthaltenen Stoffen. Zerlegung von idealen Dreistoffgemischen. Anzahl von Rektifiziersäulen zur Trennnug von Vielstoffgemischen und ihre Schaltung. Rektifikation von idealen Gemischen mit mehr als drei Bestandteilen. — **Bestimmung der Abmessungen der Rektifiziersäule mit Austauschböden. Wirkung von Rektifizierböden.** Glockenböden und Tunnelböden. Siebböden. Vergleich zwischen Glocken- und Siebböden. Einfluß der Strömungsrichtung der Phasen auf die Rektifizierwirkung eines Bodens. (Flüssigkeitsdurchmischung, Dampfdurchmischung, gegensinnige und gleichsinnige Flüssigkeitsführung). Bauliche Ausführungen von Rektifizierböden. — **Rektifikation in Füllkörpersäulen:** Allgemeines. Bestimmung der Säulenhöhe mit Hilfe der vergleichsmäßigen theoretischen Bodenzahl. Vergleich zwischen verschiedenen Füllkörpern. Bestimmung der Säulenhöhe mit Hilfe der Wärmeübergangszahl zwischen den Phasen. Flüssigkeitsverteilung in der Säule. Druckverluste in Füllkörpersäulen. — **Ausführung von Einzel- und Zubehörteilen:** Wärmeaustauscher. Regeleinrichtung. — **Molekulardestillation. — Anhang.** Namen- und Sachverzeichnis.

SPRINGER–VERLAG BERLIN HEIDELBERG GMBH

Chemische Apparatur

Zeitschrift für die Belange des Chemie-Ingenieurs

(Apparate-, Betriebs-, Werkstoff- und Korrosions-Fragen)

Begründet von Dr. **A. J. Kieser**

Herausgegeben von

Dr.-Ing. **J. D'Ans**

Berlin

Erscheint am 10. und 25. jeden Monats

Vierteljährlich RM 4.50; Einzelheft RM —.90

Die „Chemische Apparatur" pflegt das Grenzgebiet des Maschinen- und Apparate-, Elektro- und Bau-Ingenieurwesens zur Chemie und bringt die technische und wissenschaftliche Entwicklung dessen, was der Ingenieur von Chemie und der Physiko-Chemiker des Betriebes von der Ingenieurwissenschaft braucht: neben Fragen des Maschinen- und Apparatebaues werden die Verfahrens- und Meßtechnik, Werkstoff-Fragen einschließlich Korrosion und Korrosionsschutz behandelt, also all das, auf was der Chemie-Ingenieur oder Ingenieur-Chemiker täglich sein Augenmerk zu lenken hat.

VERLAG VON JULIUS SPRINGER IN WIEN

Österreichische
Chemiker-Zeitung

Begründet im Jahre 1887 von H. Heger

Monatlich ein Doppelheft

Vierteljährlich RM 3.—; Doppelheft RM 1.50

Der Inhalt der Zeitschrift gliedert sich in folgende Rubriken: 1. Originalarbeiten. 2. Zusammenfassende Berichte. 3. Kurze wissenschaftliche Mitteilungen. 4. Übersicht neuer Forschungsergebnisse. 5. Versammlungs- und Vortragsberichte. 6. Buch- und Zeitschriftenbesprechungen. 7. Umschau. 8. Patentberichte. 9. Aus Industrie und Handel. 10. Personal- und Hochschulnachrichten. 11. Sitzungskalender.